大运河国家步道建设系列丛书

主编 彭福伟

大运河国家步道建设技术导则
（实施手册）

Technical Guidelines for the Construction of the Grand Canal National Trails

奚雪松 吕 宁 ◎ 著

中国建设科技出版社 有限责任公司
China Construction Science and Technology Press Co., Ltd.

北 京

图书在版编目（CIP）数据

大运河国家步道建设技术导则：实施手册 / 奚雪松，吕宁著. -- 北京：中国建设科技出版社有限责任公司，2025.6. --（大运河国家步道建设系列丛书）. -- ISBN 978-7-5160-4404-9

Ⅰ . TU986.4-62

中国国家版本馆CIP数据核字第2025LX8314号

大运河国家步道建设技术导则（实施手册）
DAYUNHE GUOJIA BUDAO JIANSHE JISHU DAOZE（SHISHI SHOUCE）

奚雪松　吕宁　著

出版发行	中国建设科技出版社有限责任公司
地　　址	北京市西城区白纸坊东街2号院6号楼
邮　　编	100054
经　　销	全国各地新华书店
印　　刷	万卷书坊印刷（天津）有限公司
开　　本	710mm×1000mm　1/16
印　　张	7.5
字　　数	100千字
版　　次	2025年6月第1版
印　　次	2025年6月第1次
定　　价	88.00元

本社网址：www.jskjcbs.com，微信公众号：zgjskjcbs
请选用正版图书，采购、销售盗版图书属违法行为
版权专有，盗版必究。本社法律顾问：北京天驰君泰律师事务所，张杰律师
举报信箱：zhangjie@tiantailaw.com　　举报电话：（010）63567684
本书如有印装质量问题，由我社事业发展中心负责调换，联系电话：（010）63567692

《大运河国家步道建设技术导则（实施手册）》编委会

丛书主编

彭福伟

著者

奚雪松　吕　宁

编委

（按姓氏笔画排序）

王　雯　　木皓可　　方　钰　　刘莉莎　　许立言　　李海龙

李　鹤　　张小研　　张　檬　　陆　琼　　郭　佳　　彭　澄

序 言
PREFACE

大运河由京杭大运河、隋唐大运河、浙东运河三部分构成，开凿至今已有 2500 余年历史，全长近 3200 公里，自北向南跨越海河、黄河、淮河、长江、钱塘江五大水系，涵盖京津、燕赵、齐鲁、中原、淮扬、吴越六大文化区，是中国古代劳动人民创造的一项伟大的水利工程，是促进南北交通、经济、文化交流的大动脉，也是世界上距离最长、规模最大的运河，展现了不同历史时期华夏儿女的智慧和勇气，传承着中华民族的悠久历史和文明。

大运河国家步道是为整体展现世界遗产大运河作为国家名片的历史文化价值，全景纵览大运河的自然与人文特征，融合促进大运河沿线城乡文旅产业高质量发展，切实满足人民群众亲近自然、遗产认知、体育健身、休闲游憩等多种需求，在大运河沿岸区域利用可通行空间新建或利用原有道路改扩建形成的连续贯通的骑行和步行通道，是国家步道体系建设的新实践、文化保护传承利用的新探索、促进城乡全民健身的新载体、实现区域共同富裕的新路径。

为加快推进大运河国家步道体系建设，在《大运河文化保护传承利用规划纲要》《大运河文化保护传承利用"十四五"实施方案》《关于构建更高水平的全民健身公共服务体系的意见》等政策文件的基础上，国家发展和改革委员会于 2023 年组织开展社会领域重大课题"大运河国家步道建设方案研究"，并于 2024 年 7 月正式发布《大运河国家步道建设实施方案》（发改办社会〔2024〕614 号），全面指引大运河沿线 6 个省、2 个直辖市、34 个地市、150 个县（市、区），以及雄安新区地域范围的国家步道建设工作。预计在近中期实现"一轴"（京杭大运河、浙东运河）、"两支"（隋唐运河的永济渠和通济渠）的国家步道主干体系基本连续贯通；至远期，让步道体系更加完备，配套设施更加完善，管理体制、运行体系、服务模式更加成熟，经济和社会效益更加凸显，实现其成为国际知名的高水平国家步道体系的远景目标。

中国中建设计研究院有限公司、中国农业大学等单位牵头组成联合课题组，于 2023 年通过公开申报遴选方式成为"大运河国家步道建设方案研究"的项目主持方，历时一年对大运河沿线步道进行了深入的调查研究，并于 2024 年在大运河沿线的济宁、沧州、无锡等试点城市开展了国家步道建设的先行示范工作。在科学研究和工程实践不断总结的基础上，课题组牵头编制了团体标准《大运河国家步道建设技术标准》，该标准已于 2025 年 2 月由中国城市科学研究会正式批准并发布。

本设计导则（实施手册）是该技术标准的姊妹篇，图文并茂、通俗易懂地从总则、选线布局、步道、服务设施、标识设施、市政设施、数字化平台、绿化景观、管理维护和运营 9 个层面详细阐述了大运河国家步道建设的设计要求。本书可作为全面指引大运河沿线各省市区县开展大运河国家步道建设的工具书，亦可为其他类型的国家步道、绿道建设提供有益的借鉴和参考。

本设计导则（实施手册）由国家发展和改革委员会组织编制，主要起草单位有中国农业大学、中国中建设计研究院有限公司、中国城市科学研究会等。

目 录
CONTENTS

第一章 | 总则　　　　　　　　　　001
General Provisions

　　一、适用范围 …………………………………… 002
　　二、基本概念 …………………………………… 003
　　三、指导思想 …………………………………… 003
　　四、基本原则 …………………………………… 004
　　五、重要意义 …………………………………… 004
　　六、分级、分类 ………………………………… 005

第二章 | 选线布局　　　　　　　　009
Layout

　　一、布局原则 …………………………………… 010
　　二、步道选线 …………………………………… 011

第三章 | 步道　　　　　　　　　　027
Trails

　　一、平面和竖向 ………………………………… 028
　　二、路面和路基 ………………………………… 031

三、安全隔离 ·· 036
　　四、交通衔接 ·· 038

第四章 | 服务设施　　　　　　　　　043
Service Facilities

　　一、综合服务设施 ·· 044
　　二、游憩健身设施 ·· 056
　　三、文化科普设施 ·· 058
　　四、安全保障设施 ·· 062
　　五、环境卫生设施 ·· 064

第五章 | 标识设施　　　　　　　　　067
Signage Facilities

　　一、系统设计 ·· 068
　　二、文化标识 ·· 073
　　三、导视标识 ·· 074
　　四、解说标识 ·· 080
　　五、安全标识 ·· 081

第六章 | 市政设施　　　　　　　　　083
Municipal Infrastructure

　　一、供电与照明 ·· 084
　　二、通信网络 ·· 084
　　三、给排水 ·· 084
　　四、雨水资源化利用 ····································· 085

第七章 ǀ 数字化平台
Digital Platform   087

　　一、智慧设施 ·· 088
　　二、智慧管理平台 ·· 088

第八章 ǀ 绿化景观
Landscape   091

　　一、景观环境 ·· 092
　　二、植物选择 ·· 093
　　三、特色营造 ·· 094
　　四、视线廊道 ·· 094

第九章 ǀ 管理维护和运营
Management & Maintenance   097

　　一、管理 ·· 098
　　二、运维 ·· 098

上位政策文件与引用标准名录
List of Quoted Standards   101

　　一、上位政策纲要文件 ···································· 102
　　二、引用标准名录 ·· 102

后记   105

大运河国家步道建设技术导则
（实施手册）

第一章　总则
General Provisions

适用范围
基本概念
指导思想
总体要求
重要意义
分级、分类

一、适用范围

为彰显大运河世界文化遗产的品牌形象，展现大运河的自然与人文特征，带动运河沿线全民健身、休闲游憩等活动的开展，规范和指导大运河国家步道建设，特制定本导则。本导则适用于大运河国家步道的规划、设计、工程建设与管理维护。

图 1-1　大运河全域图（图片来源：国家文物局官网 http://www.ncha.gov.cn/art/2025/1/4/art_722_193419.html，在中国文化遗产研究院绘制的"大运河遗产分段示意图"基础上改绘）

大运河位于中国中东部，开凿始于公元前 5 世纪，依据历史上的分段和命名习惯，共包括十大河段：通惠河段、北运河段、南运河段、会通河段、中运河段、永济渠（卫河）段、通济渠段、里运河（淮扬运河）段、江南运河段、浙东运河段。全长近 3200 公里。地跨北京、天津、河北、山东、江苏、浙江、河南和安徽 8 个省级行政区，沟通了海河、黄河、淮河、长江、钱塘江五大水系，是世界上唯一一个为确保粮食运输（"漕运"）安全，以达到稳定政权、维持国家统一的目的，由国家投资开凿和管理的巨大工程体系。它是解决中国南北社会发展和自然资源不平衡的重要措施，展现了农业文明时期人工运河发展的悠久历史，代表了工业革命前水利水运工程的杰出成就[①]。

二、基本概念

1. 国家步道（National Trails）

指由国家组织设立，以徒步为主要运动形式，兼具自行车骑行功能的公益性步道。

> 国家步道是穿越不同自然地貌，串联各类历史文化遗产，满足人民群众健身休闲、户外游憩、亲近自然等多种需求，促进沿线自然资源与生物多样性保护，历史文化资源保护、传承和利用的公益性慢行廊道。国家步道体系由国家步道本体、配套设施、标识标志、安全环保、管理服务等子系统构成。

2. 大运河国家步道（The Grand Canal National Trails）

指沿着大运河主河道及支线设置，串联运河沿线的自然与人文资源，满足人民群众亲近自然、遗产认知、体育健身、休闲游憩等多种需求，展现中国大运河重要历史文化意义和价值的国家步道。

> 大运河国家步道是以大运河古今河道水网系统为依托，穿越不同自然地貌，串联运河沿线历史文化遗产，促进沿线自然资源与生物多样性保护、历史文化资源保护、传承和利用的国家步道；是向世界宣传中华文明、促进文明对话、保护人类遗产的典范线路。

三、指导思想

以习近平新时代中国特色社会主义思想为指导，深入贯彻党的二十大精神，

---

① 摘自：大运河遗产保护管理办公室 http://www.cngrandcanal.cn/?grandcanal/

认真落实习近平总书记关于大运河文化保护与传承、体育强国等相关重要论述，完整、准确、全面贯彻新发展理念，坚持大运河文化遗产创造性转化和创新性发展，以绿色生态为引领，规范建设要求，优化管理体制，创新运行机制，完善配套设施，推动南北贯穿和互联互通，让大运河国家步道成为国家步道体系建设的新实践、文化保护传承利用的新探索、促进城乡全民健身的新载体、实现区域共同富裕的新路径，成为美丽中国、健康中国、文化强国的标志性国家工程。

四、基本原则

1. 保护第一、绿色发展

注重大运河文化遗产和生态环境的保护。提升步道的体验度、活力度，展现运河沿线区域的自然与人文特征，展示大运河独有的历史、文化价值以及古今水利工程的科技创新成果，带动运河沿线区域文化、旅游等产业经济的协同高质量发展。

2. 传承优先、有效利用

深入挖掘运河沿线区域的文化脉络，用步道串联风景名胜区、自然保护区、旅游景区、文物保护单位、历史文化名镇名村、传统村落、非物质文化遗产、风物民俗等自然与人文资源，全方位展示大运河的当代价值和时代精神，打造运河文化传承创新路径。充分利用现有道路及周边适宜区域开展步道建设。

3. 因地制宜、集约节约

立足各区域运河河道现状和特点，严格控制新建规模，有效降低建设维护成本。各类新建、改建的步道和设施应绿色环保、安全耐久、经济适用、便于管理维护和可持续运营。全线统筹、区域整合、分段实施，基本实现全线连续贯通。

4. 以人为本、协同管理

满足人民群众亲近自然、遗产认知、体育健身、休闲游憩等多种需求。发挥政府在规划引导、政策支持、组织实施等方面作用，统筹用好各种资金，强化要素保障，加强部门协同联动。积极吸引社会力量参与，建立政府、企业、社会组织和公众参与大运河国家步道建设、管理、保护和运营的长效机制。

五、重要意义

1. 国家步道体系建设的新实践

大运河国家步道是全国"三横四纵"国家步道主架构体系的重要组成部分,是落实大运河文化带和国家文化公园建设等国家战略的重要内容之一。对于构建具有中国特色可持续发展的国家步道体系,形成科学规范、统一高效的国家步道建设管理体制机制具有重要的示范引领和带动作用。

2. 文化保护传承利用的新探索

通过大运河国家步道建设,将沿运河区域内众多的自然与人文资源串联起来,展现千年运河璀璨文化带丰富多元、底蕴深厚的历史文脉,纵览千里运河绿色生态带山水秀丽、环境优美的自然画卷,讲述大运河历史和当代故事,整合提升文化资源的影响力,深化全社会对大运河文化的认知,增强人们的凝聚力和向心力。

3. 促进城乡全民健身的新载体

依托大运河国家步道建设,在我国人口密度较高、城镇分布密集的大运河沿线区域构建更高水平的全民健身公共服务体系,补齐健身设施短板,开展丰富多彩的健康休闲活动和户外运动赛事,拓展全民健身新场景,不断满足人民群众日益增长的体育健身和休闲游憩需求,使步道服务全民、惠及全民。

4. 实现区域共同富裕的新路径

立足大运河国家步道建设,打造具有国际影响力的徒步或自行车旅游精品线路和文化旅游品牌体系,强化区域间的旅游资源整合和旅游服务协作。统筹好大运河文化保护传承利用与城镇经济发展、乡村振兴之间的关系,推动沿运区域的城乡协同高质量发展,助力各地区走向共同富裕。

六、分级、分类

1. 步道分级

(1)步道主线(Main Route of the Grand Canal National Trails)
靠近大运河主河道设置,保障单侧或双侧贯通的主干型步道。

中办、国办印发的《大运河文化保护传承利用规划纲要的通知》指出，京杭大运河包括通惠河、北运河、南运河、会通河、中（运）河、淮扬运河和江南运河等段，隋唐大运河包括永济渠和通济渠等段，浙东运河主要指杭州至宁波段运河。本导则中提到的大运河主河道指京杭大运河、隋唐大运河、浙东大运河的主河道，包括古今运河河道。

（2）步道支线（Branch-route of the Grand Canal National Trails）

依托大运河支线或相关湖泊、水库周边设置，保障单侧或双侧贯通的分支型步道。

大运河相关湖泊、水库主要指调节运河供水的蓄水工程，在古代又称"水柜"。分为两类：一类位于较运河为高的山丘地区，蓄积泉水或山溪水可向运河自流供水。在运河水源不足的河段，常依赖此类水柜供水补充运河水量，维持通航水深；另一类位于运河两侧的低洼地区，筑有堤防并有闸与运河相通。运河水浅时放水入运河；运河水大而水柜水浅时放运河水入柜，特别是运河发生洪水时可泄洪入柜存蓄，以备运河枯水时济运。古代著名的运河水柜有扬州的陈公塘、丹阳的练湖等；北宋曾在汴渠郑州中牟段修建多座水柜；明代整修京杭运河山东段利用南旺湖、安山湖、马场湖、昭阳湖为四水柜；清代则以微山湖为最主要水柜。[①]

（3）步道连接线（Connection-route of the Grand Canal National Trails）

步道主线、支线与运河周边的自然与人文资源或城乡交通系统相连接的步道（图1-2）。

2. 步道分类

（1）根据所经区域的空间位置与特征

——城镇型步道（Urban Trails）

位于城镇规划建设用地范围内，是串联大运河城镇区段的文物保护单位、历史街区、公园绿地、市民广场、旅游景区景点以及博物馆、文化馆、科技馆、体育馆等文体场馆的步道，主要用于展示大运河城镇区段的自然与文化特征、提供

---

① 李国豪等.《中国土木建筑百科辞典.水利工程》[M].北京：中国建筑工业出版社，2001.

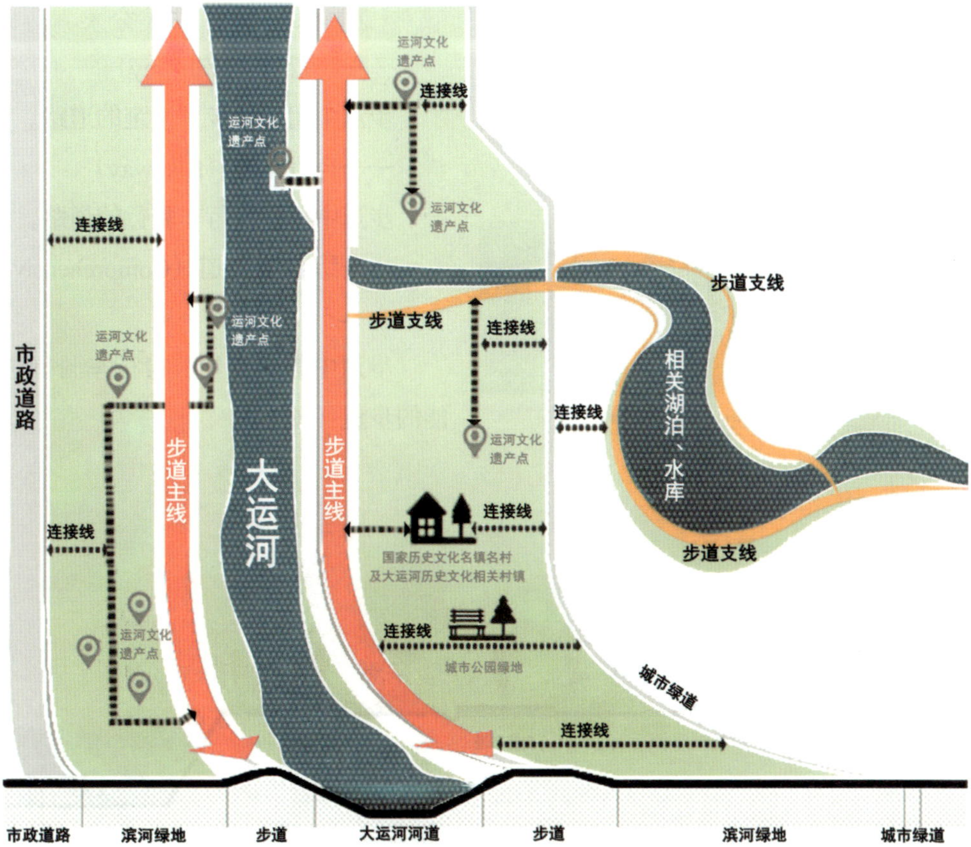

图 1-2 步道主线、支线、连接线分级示意图

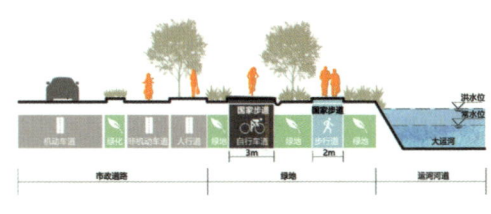

图 1-3 城镇型步道示意图

休闲游憩、康体健身、科普宣教、便捷通行等功能（图 1-3）。

——郊野型步道（Suburban Trails）

位于城镇规划建设用地范围外，是串联大运河郊野乡村区段的文物保护单位、特色保护型村庄、风景名胜区、旅游景区景点等重要资源的步道，主要用于展示大运河郊野乡村区段的自然与文化特征、提供休闲游憩、康体健身、科普宣教等功能（图 1-4）。

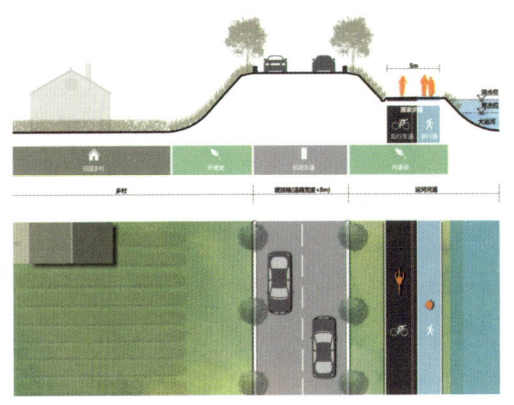

图 1-4　郊野型步道示意图

（2）根据使用方式分类

——步行道（Walkway）

步道中用于徒步、慢跑的道路。

——自行车道（Bikeway）

步道中用于自行车骑行的道路。

——综合型步道（Comprehensive Trails）

步道中兼具徒步、自行车骑行功能的步道（图1-5）。

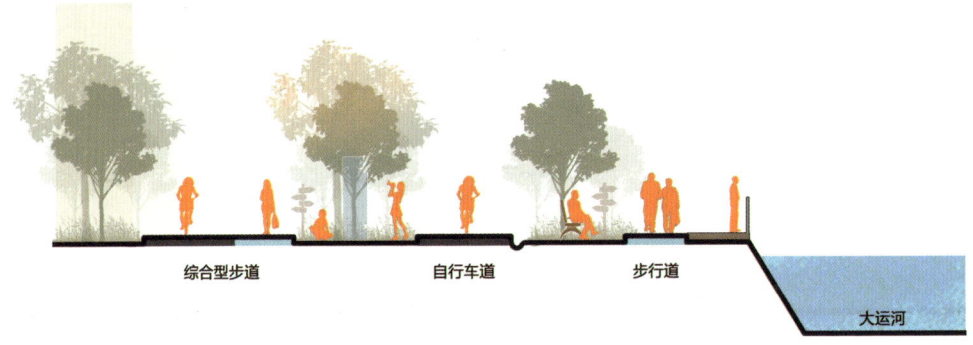

图 1-5　步行道、自行车道、综合型步道示意图

3. 构成要素

大运河国家步道建设技术导则
（实施手册）

第二章　选线布局
Layout

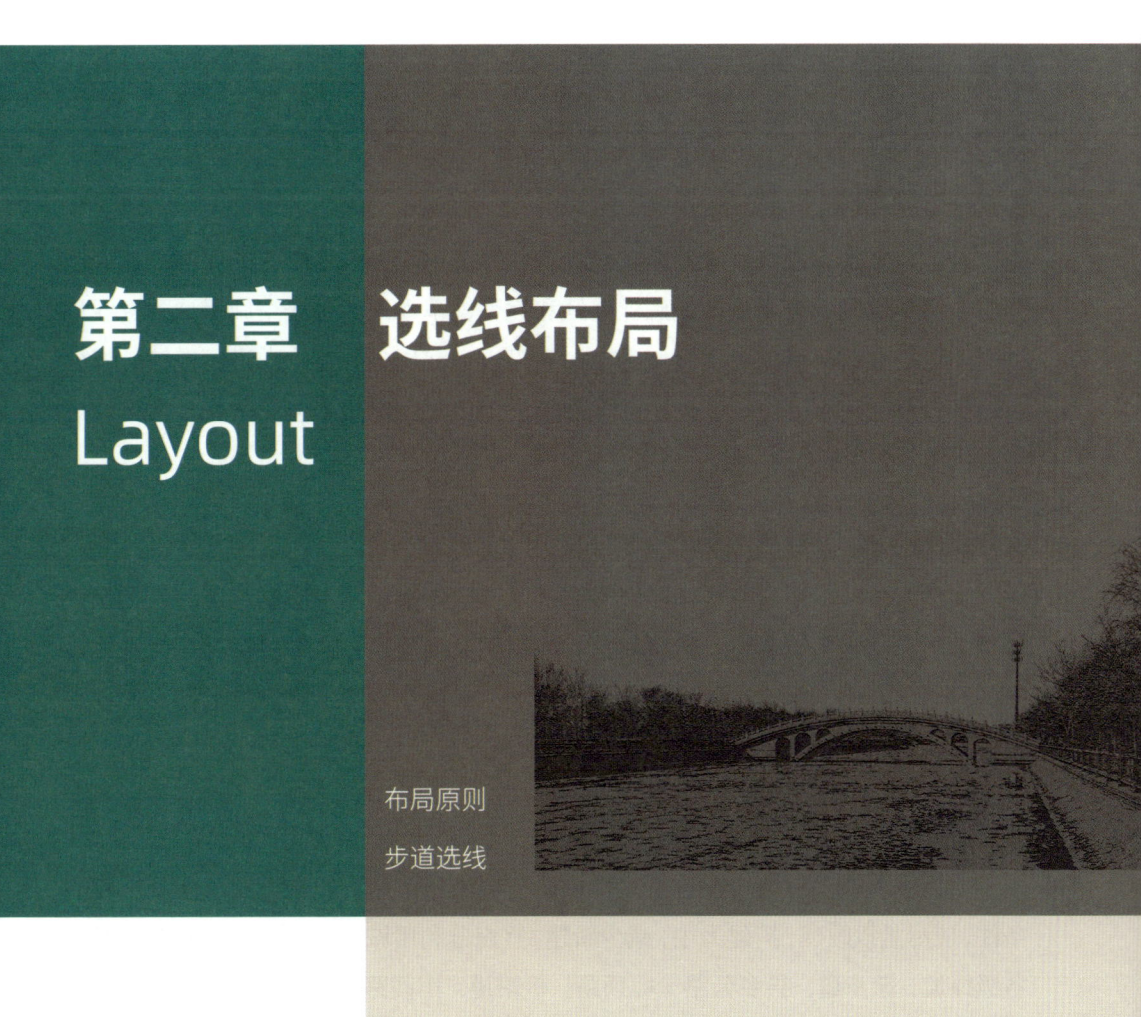

布局原则
步道选线

一、布局原则

1. 主题突出，彰显特色

大运河国家步道选线应彰显不同区域的运河主题、地域特色、文化传统和景观风貌特征。选线原则应突出大运河文化主题，同时全面展现跨越京津、燕赵、齐鲁、中原、淮扬、吴越六大文化区的 8 个省（直辖市）运河沿线多样的地域特色、文化传统和景观风貌特征。

2. 安全便捷，连续贯通

大运河国家步道选线应坚持安全便捷、经济适用、因地制宜的原则。以大运河古今河道水网系统为依托，确保连续和完整，基本保障主线空间贯通。选线规划时先以沿大运河目前有水区域为主，再沿大运河历史脉络走向进行衔接。部分古河道目前已无水，但是在大运河发展历史上仍然有着极重要的地位，在选线规划时仍然需要考虑无水段。

3. 有机串联，有效带动

大运河国家步道宜有机串联风景名胜区、自然保护区、旅游景区、文物保护单位、历史文化名镇名村、传统村落、非物质文化遗产、风物民俗等运河沿线地区的自然与人文资源，以及沿线公园、绿地、市民广场等各类户外活动空间，有效带动全民健身、休闲游憩等活动的开展。

4. 因地制宜，评估选定

大运河国家步道选线在进行实地调研、现场评估后，如果符合改建或扩建的条件，应尽量以改建、扩建为主，减少新建。宜充分利用城镇林荫道、自行车专用道、各级绿道、游步道、县乡公路、堤顶路、机耕道、田间路等现有道路改建或扩建。条件受限时，可利用现有道路周边的绿地、堤顶路内外的滨水用地等适宜区域。

严禁借用高速公路、城市快速路和国道，不宜借用省道和城市主干路，可合理借用非干线公路或城市次干路、支路的人行道和非机动车道等。借道部分应按照大运河国家步道的统一规范要求进行设计和实施。

二、步道选线

1. 总体布局

构建大运河国家步道"一轴、两支、多线"空间布局:"一轴"是以京杭大运河、浙东运河为骨干,打造大运河国家步道南北主轴,基本实现全线贯通;"两支"是以隋唐运河的通济渠、永济渠为辅助,打造大运河国家步道东西两支,实现有水段基本覆盖;"多线"是依托"一轴"和"两支"的支线河道。通过"一轴、两支、多线",整体串联大运河沿线的自然与历史文化资源、展现多样的地域特色和自然生态风貌特征。

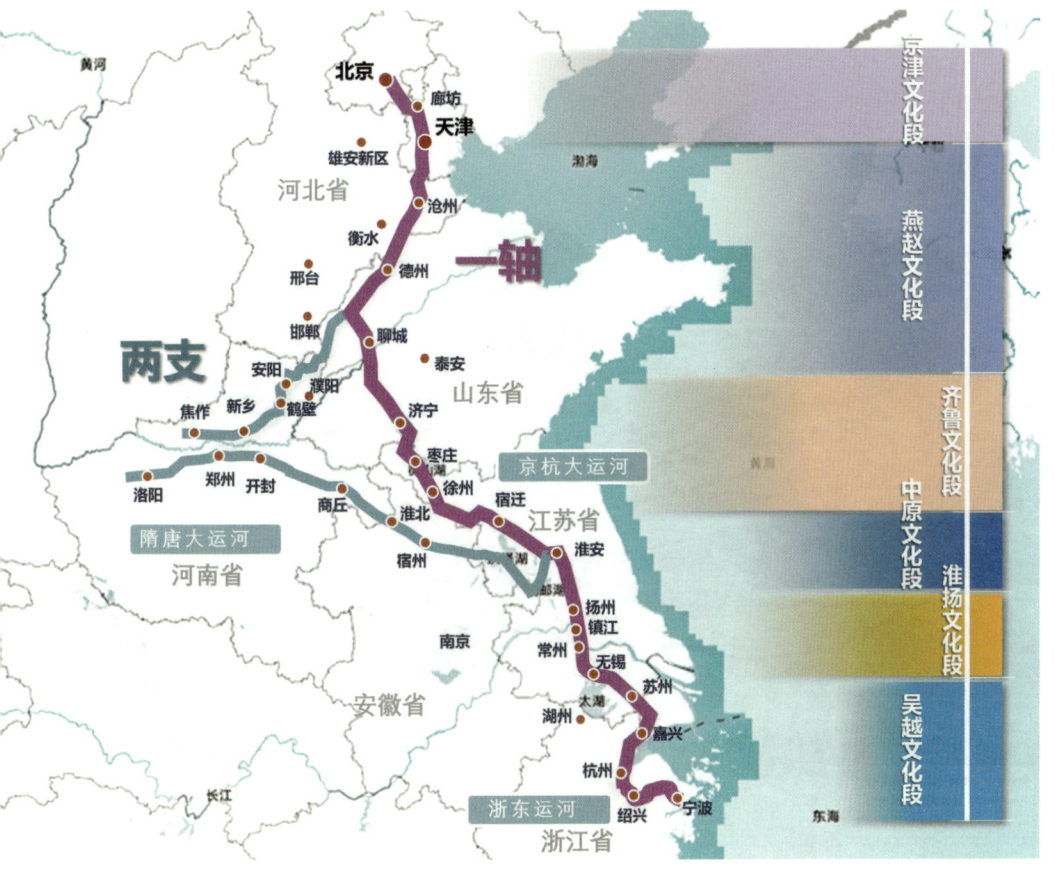

图 2-1 大运河国家步道选线的总体布局

2. 分级选线

（1）主线

步道主线选线应依托大运河主河道进行布局。根据各区域运河河道特点，可设置多条步道主线。在跨越各级行政区域时注意有效衔接，避免不同行政区"各自为政"，导致行政区域交界处出现"断头路"现象出现。

（2）支线

步道支线选线应依托大运河支线或相关湖泊、水库周边进行布局，与步道主线应进行连接。

（3）连接线

步道连接线选线宜连接步道主线、支线与运河周边的自然与人文资源、城乡交通系统、公共服务设施、户外活动空间等。

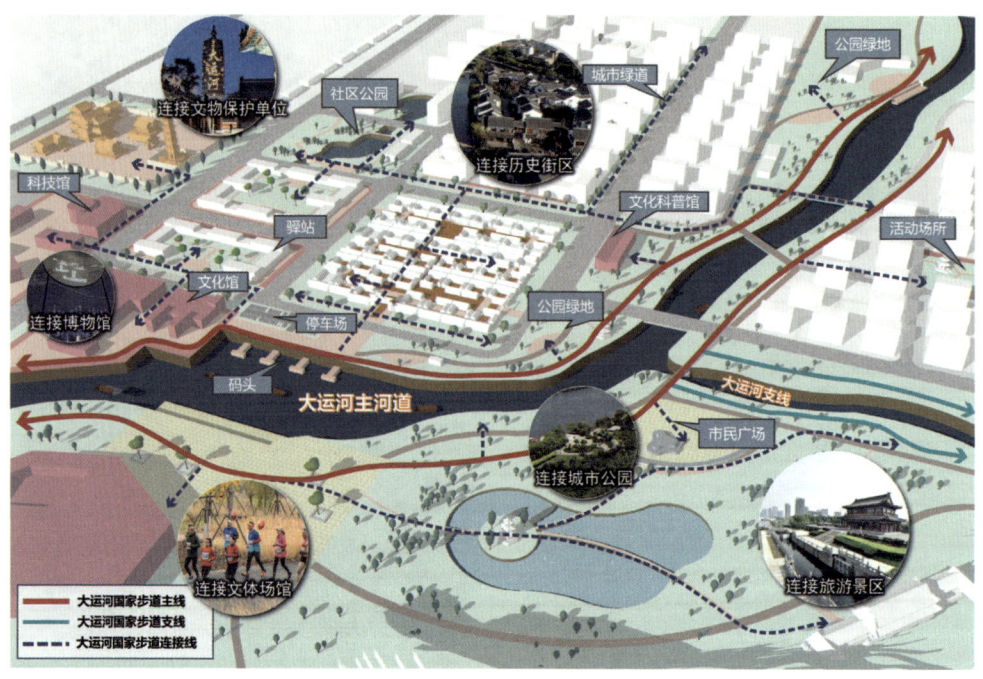

图 2-2　城镇型步道主线、支线、连接线布局示意

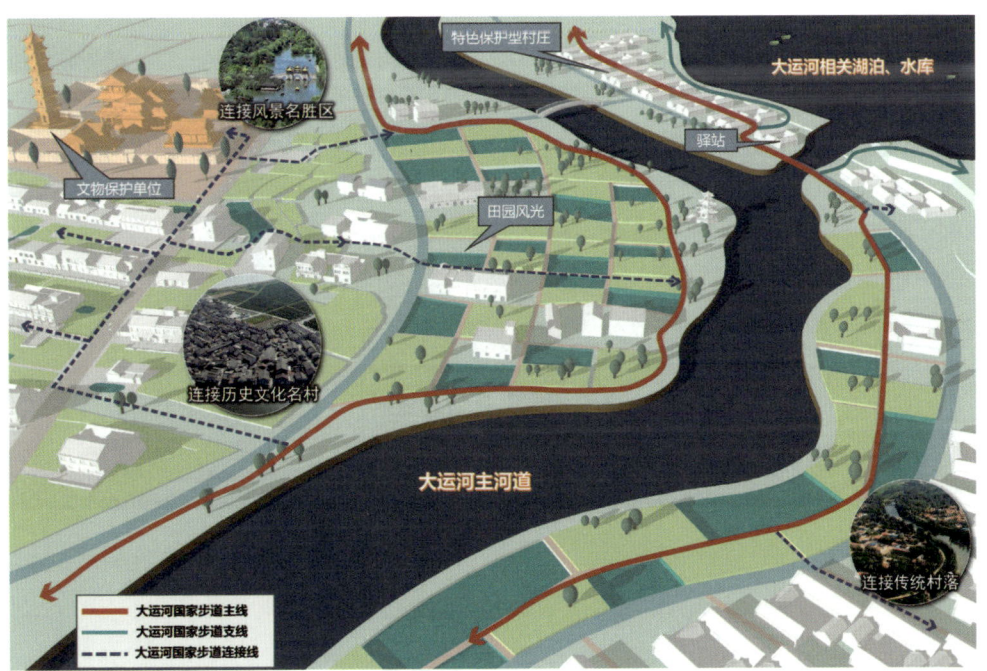

图 2-3　郊野型步道主线、支线、连接线布局示意

3. 分类选线（步道标准段典型类型）

（1）城镇型步道选线

城镇型步道选线宜依托市政道路的人行道和非机动车道、自行车专用道、各级绿道、游步道、步行街区、公园绿地、市民广场等区域进行布局。由于步道选线依托市政道路、城镇街区时情况较为复杂，以下以此为例进行说明。

——依托城镇市政道路：

优先利用市政道路沿运河一侧的绿地空间。如果绿地空间较大，可分设步行道和自行车道。其中，步行道应尽量靠近运河，确保良好的景观视线。自行车道需连续贯通，保障安全、快速通行。

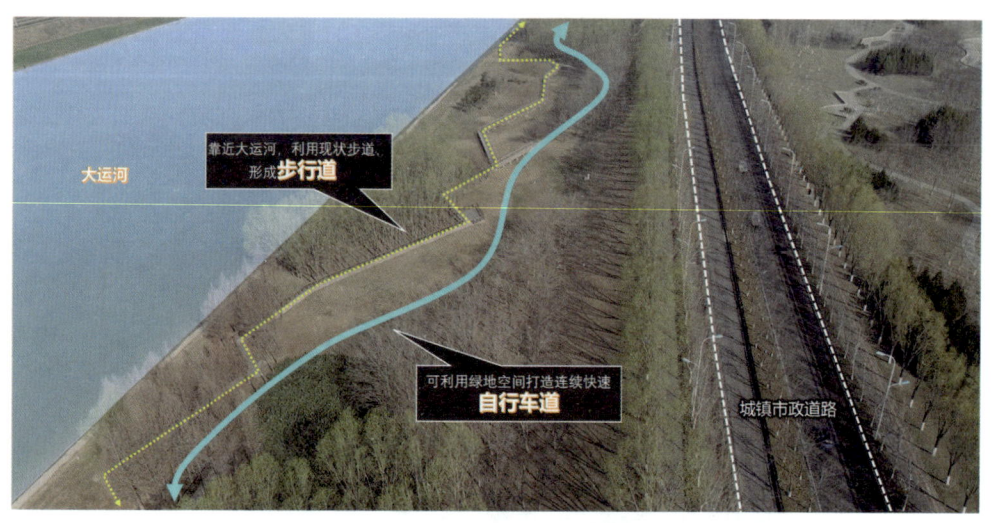

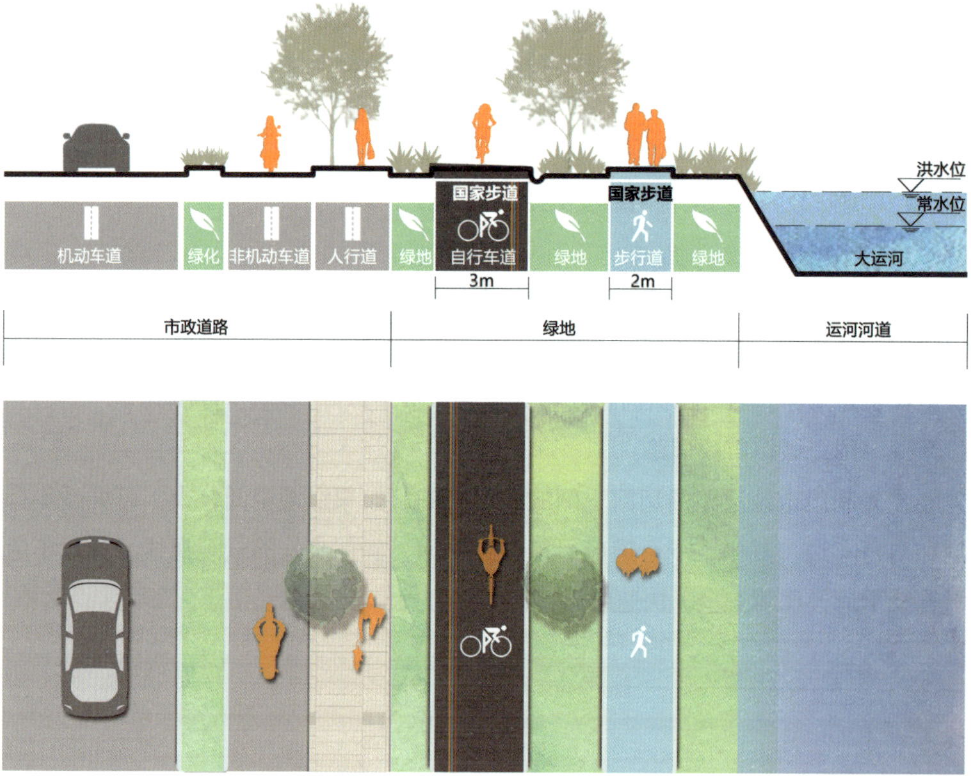

图 2-4 市政道路旁有可用绿地（分设步行道和自行车道）

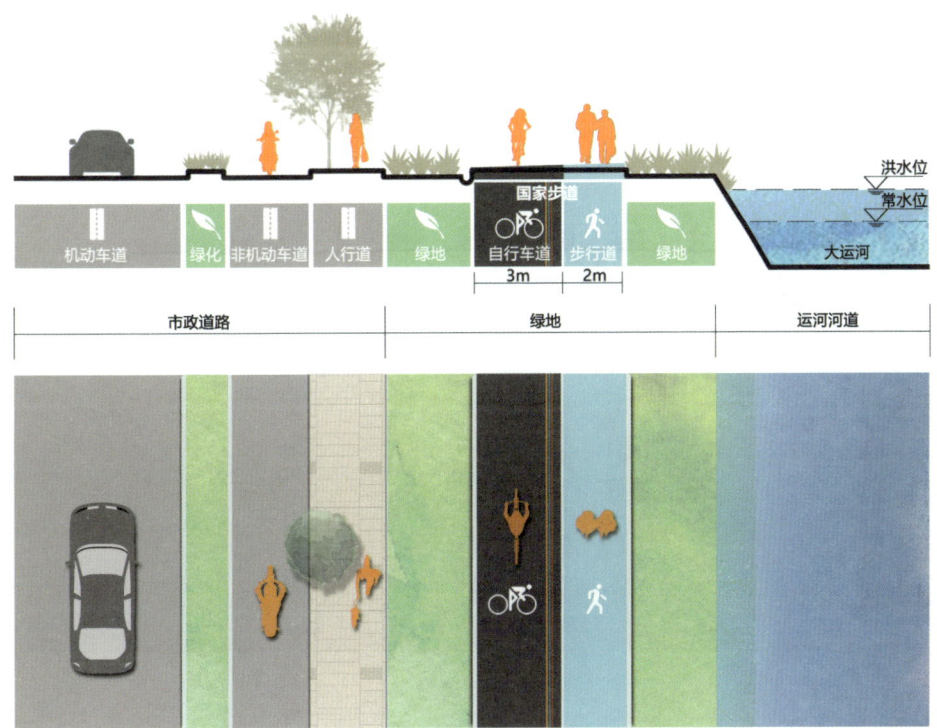

图 2-5 市政道路旁有可用绿地（综合型步道）

如市政道路沿运河一侧绿地空间受限，步道建设推荐以下三种方案。方案一，在绿地内设 2m 步行道（同时兼顾市政道路的人行道），将市政路原有人行道改建为自行车道 3m；方案二，在绿地内设 2m 步行道，在市政路非机动车道双侧各画线 1.5m 作为自行车道（单向通行）；方案三，在绿地内设 2m 步行道，在市政路中靠近绿地的非机动车道单侧画线 3m 作为自行车道（双向并行）。

图 2-6 市政道路旁绿地空间受限

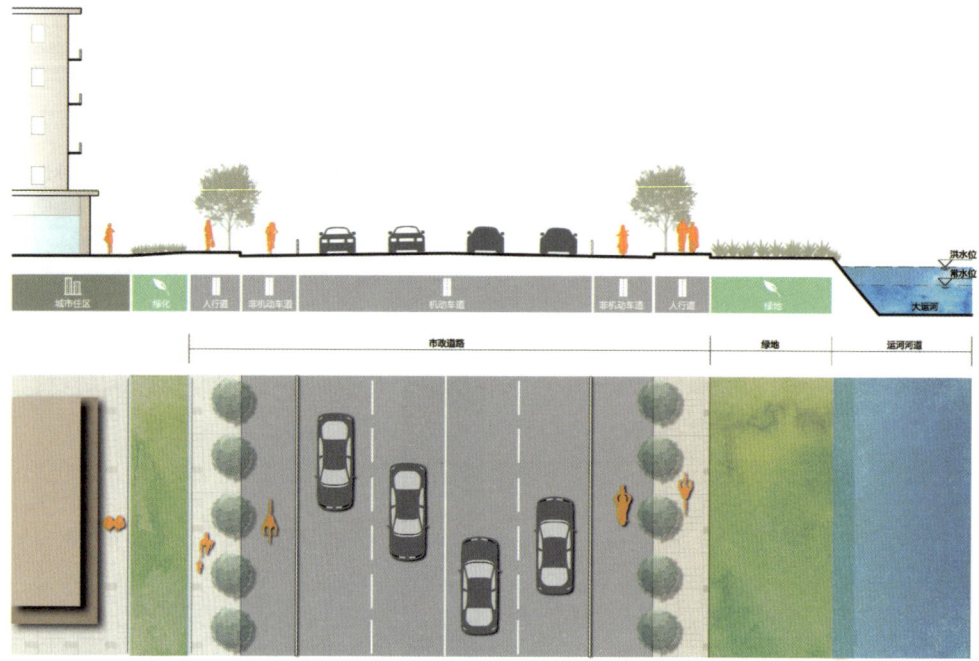

步道改造前

方案一

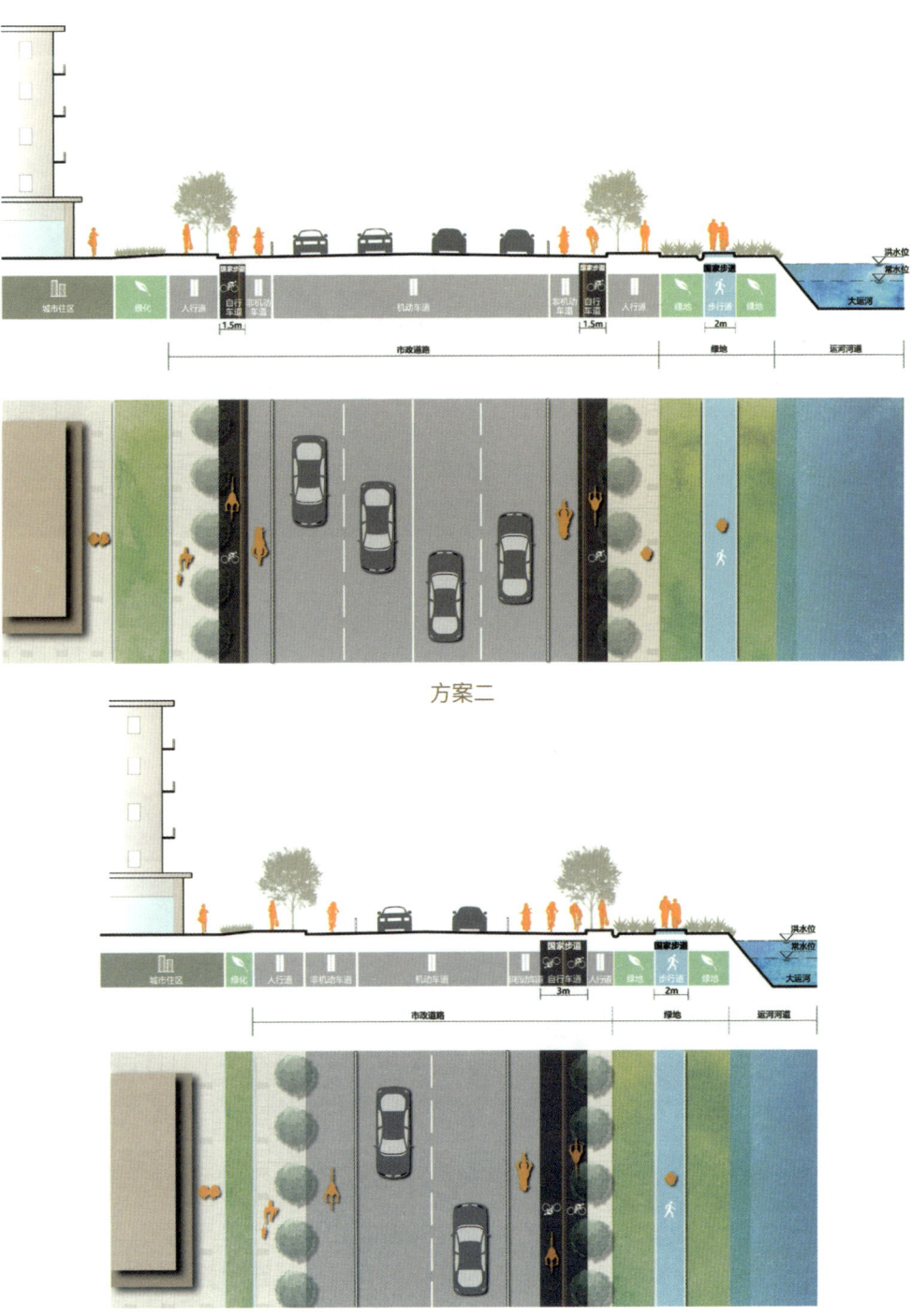

方案二

方案三

图 2-7 市政道路旁绿地空间受限的解决方案

——依托城镇街区：

优先利用滨河区域的城镇街区。如有适宜用地，可利用高差分设步行道和自行车道，避免步行道和自行车道相互交叉，更好地保障使用者安全。步行道临近大运河，自行车道可设置于较高处，保障快速通行的同时有较好的景观视线。如用地受限，可采用步行道和自行车道分道设置的方式。

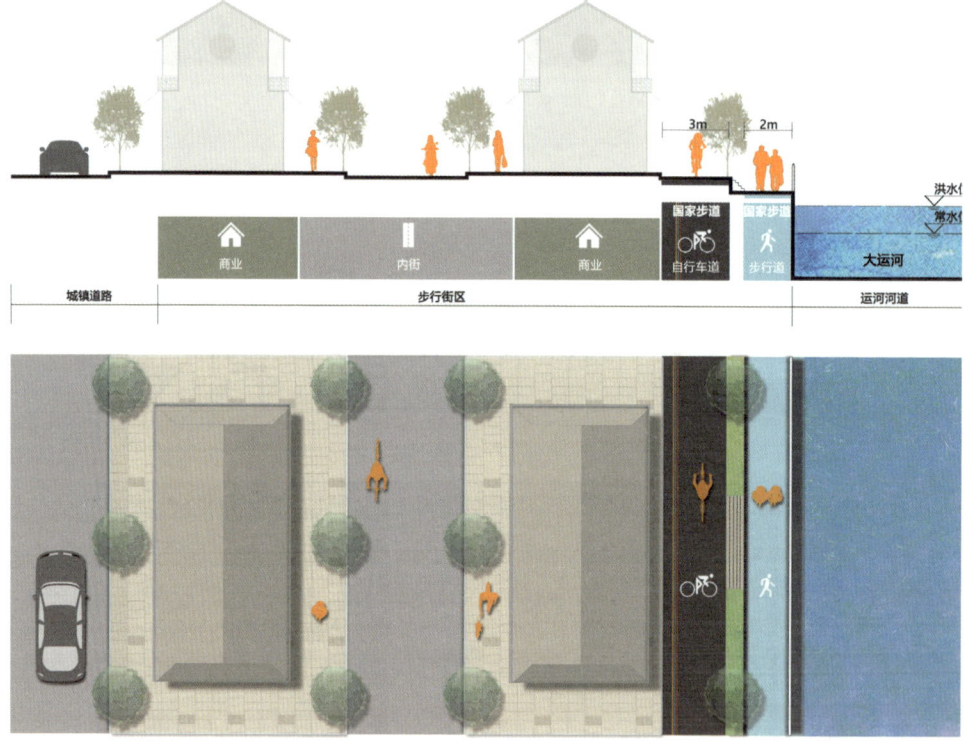

滨河区域有适宜用地，有高差（分设）

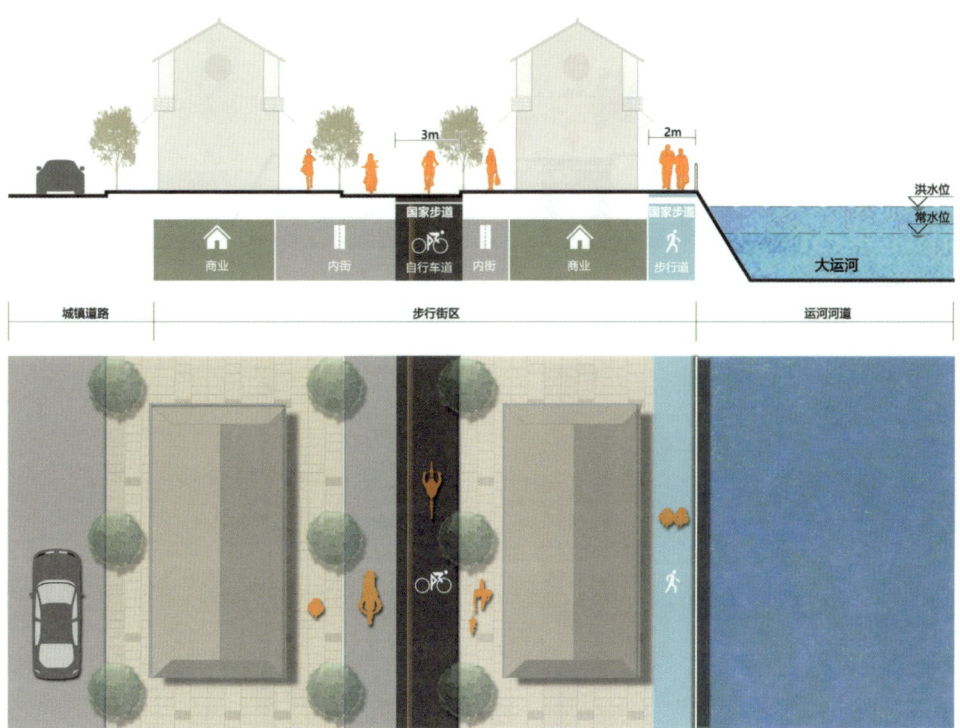

滨河区域用地受限，无高差（分设）

图 2-10 滨河区域有适宜用地

如滨河区域无适宜用地，可借道街区内部道路，根据街区内部空间大小，合设或分设步行道和自行车道。

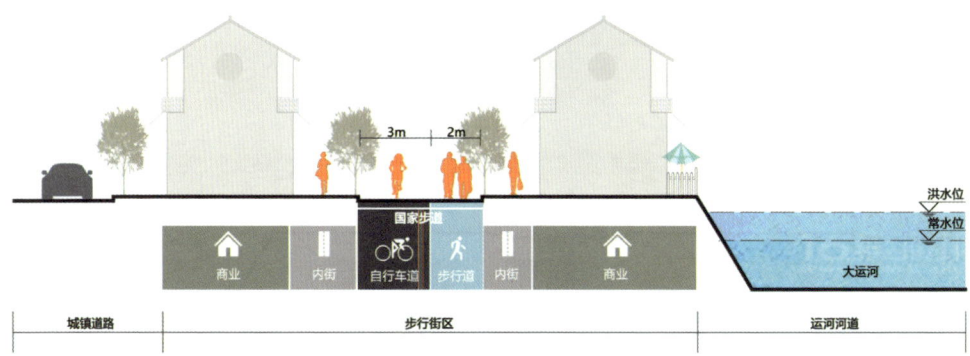

滨河区域适宜无用地，利用街区内部（合设）

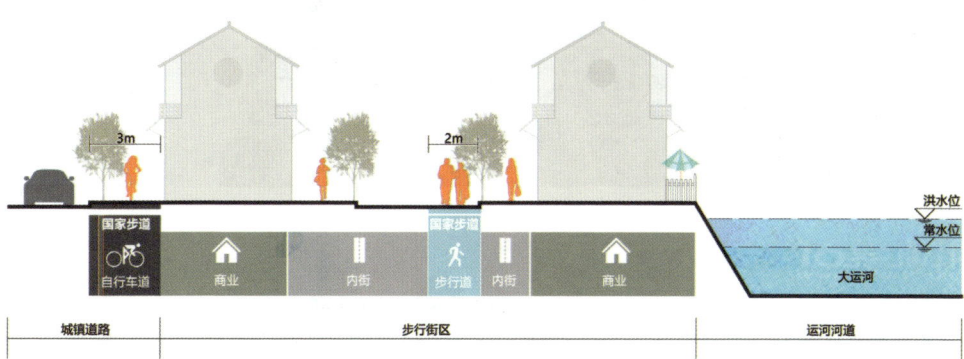

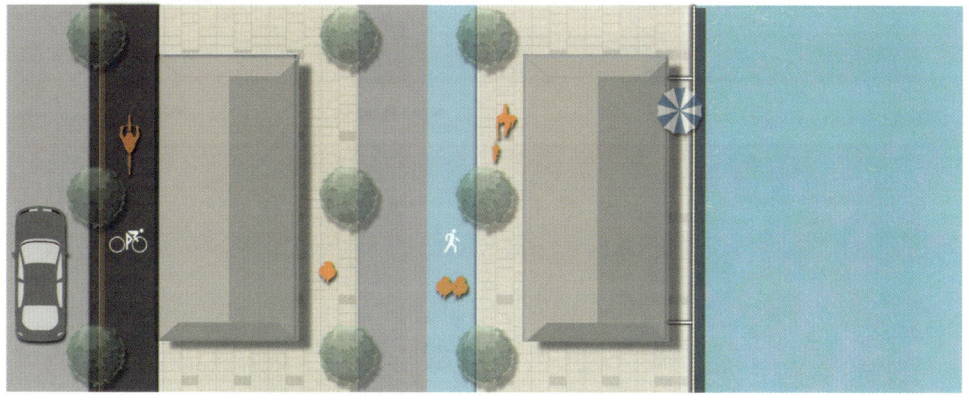

滨河区域无适宜用地，利用街区内部（分设）

图 2-11　滨河区域无适宜用地

(2）郊野型步道选线

郊野型步道选线宜依托县乡公路、堤顶路、机耕道、田间路等道路及周边适宜区域进行布局。此处以堤顶路为例进行说明。

——利用堤顶道路：

如堤顶路宽度＞8m，可借道堤顶路，在堤顶路一侧建设综合型步道。

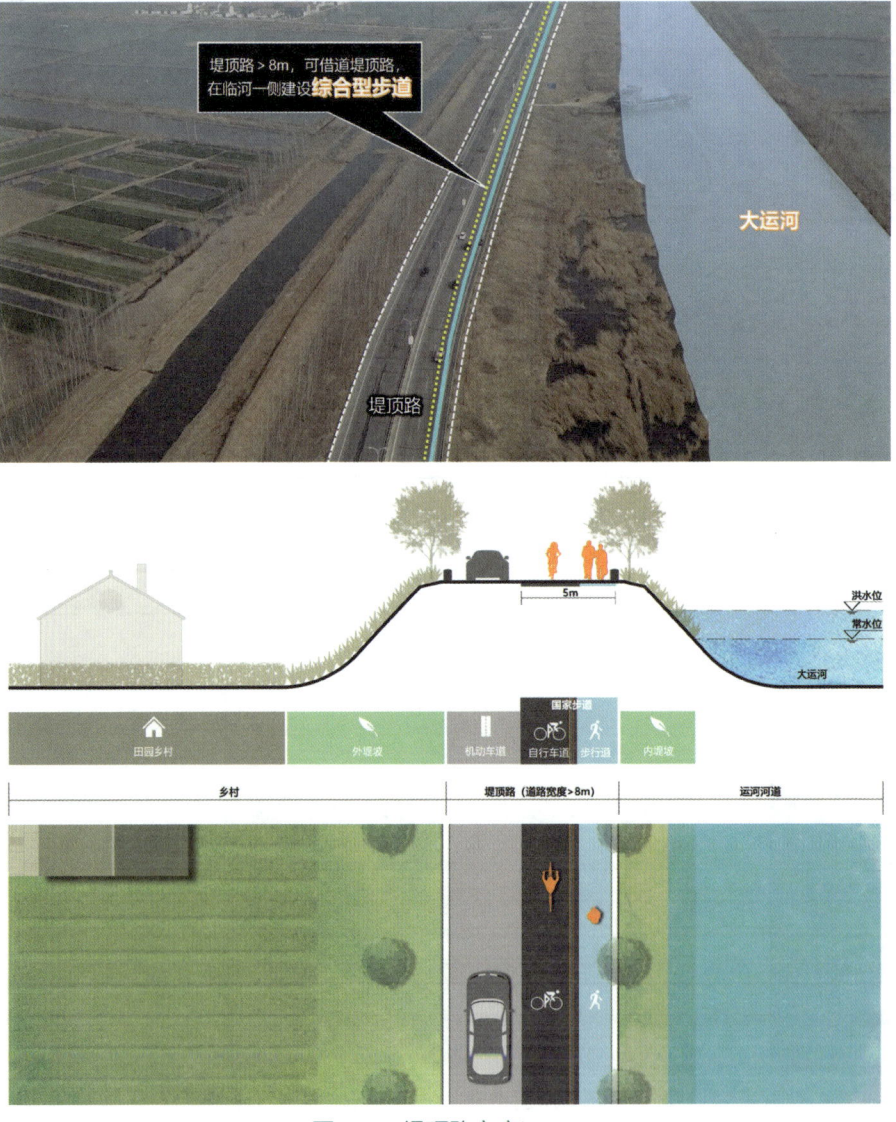

图 2-12　堤顶路宽度＞8m

如堤顶路宽度=8m，可借道堤顶路，在临水一侧设置步行道，同时在外堤坡一侧设置自行车道。

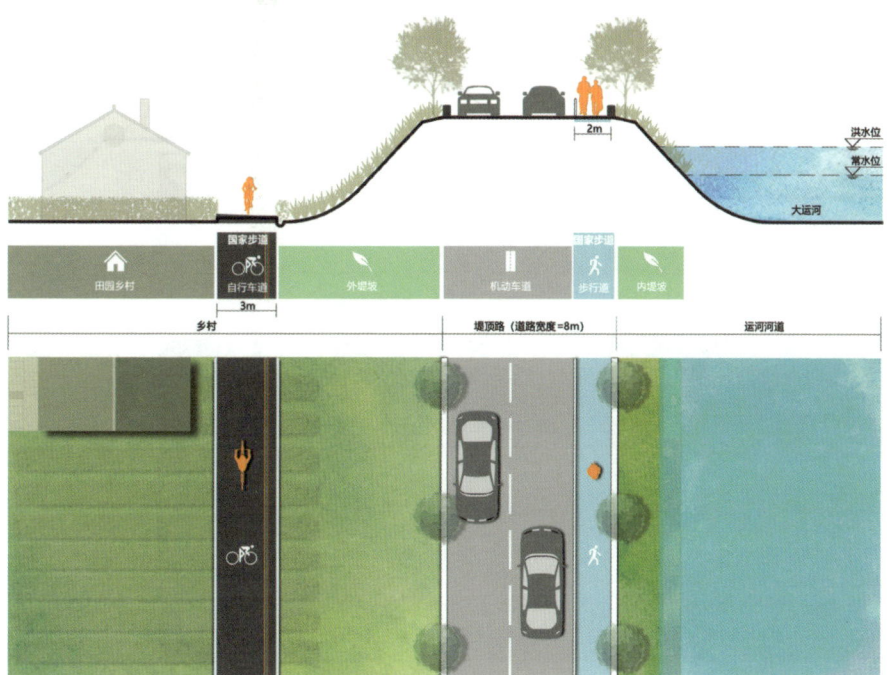

图 2-13　堤顶路宽度 = 8m

如堤顶路宽度＜8m，且堤防边坡较缓时，在满足大运河防汛、防洪要求和水利主管部门行政许可的前提下，优先利用内堤坡空间设置综合型步道。如内堤坡空间不可使用，可利用外堤坡一侧的空间设置综合型步道。

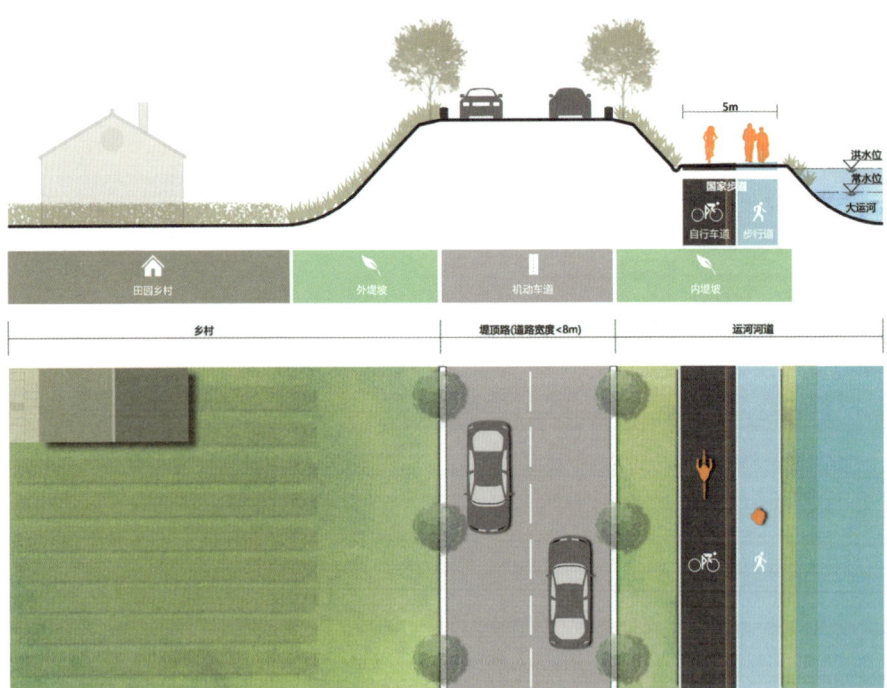

图 2-14　堤顶路宽度＜8m（使用内堤坡空间）

土堤的设计边坡坡比一般为 1：1.5～1：3，在城市段或景观要求较高的区域，堤防边坡可适当放缓，部分地区采用了 1：7～1：10 的边坡坡比。在此前提下，在不影响堤防工程安全和管理并经水利主管部门同意后，可在合适的堤坡一侧位置修建步道。

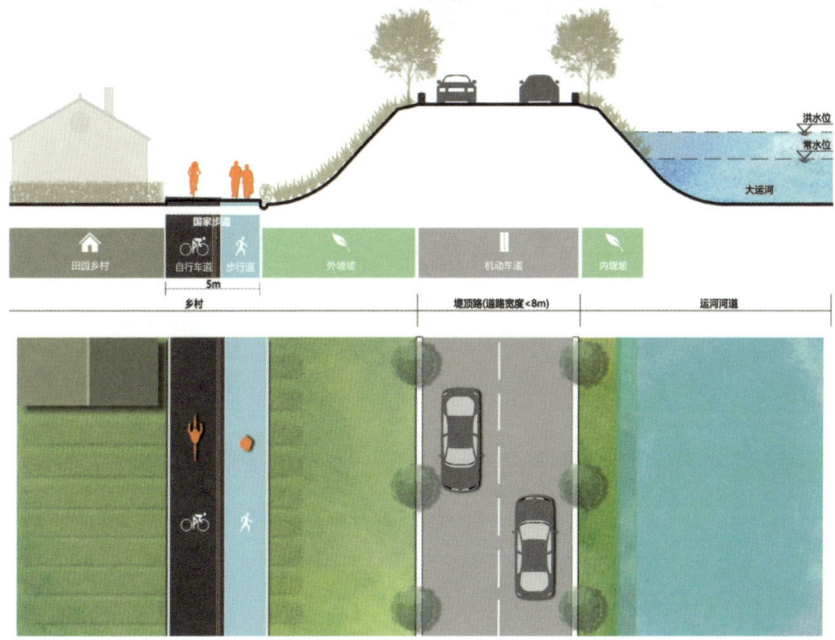

图 2-15　堤顶路宽度＜8m（使用外堤坡空间）

大运河国家步道建设技术导则
（实施手册）

第三章　步道
Trails

平面和竖向
路面和路基
安全隔离
交通衔接

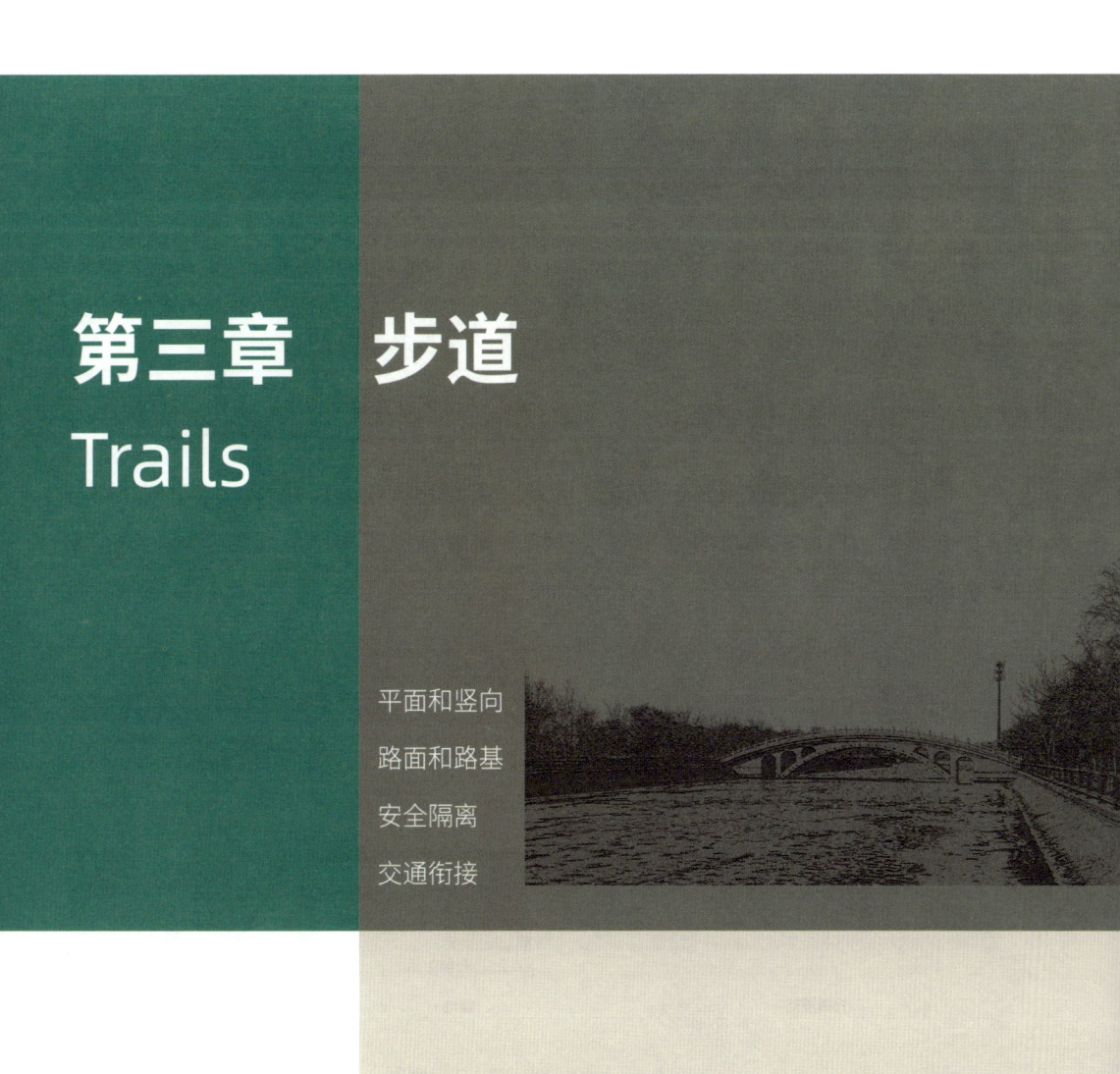

一、平面和竖向

1. 步道宽度

不同功能类型步道宽度应根据建设条件、使用频率合理确定，最小宽度应符合表 3-1 的规定。

表 3-1　步道宽度

	步行道	自行车道	综合型步道
城镇型	单独设置时宜不小于 2m，用地条件受限区域不应小于 1.5m	单向通行宜不小于 1.5m，双向通行宜不小于 3m	宽度宜为 4～6m，用地条件受限区域不应小于 2m
郊野型	单独设置时宜不小于 1.5m	单独设置时宜为 2～3m	

步道宽度需符合《城镇绿道工程技术标准》CJJ/T 304 中的相关规定。

步道宽度根据区域条件，在自然与人文资源的重要节点处可适当加宽。可与马拉松赛事、自行车赛事等赛事专用道结合设置，步道建设及保障要求应符合相关赛事规定。

（1）综合型步道：步行道和自行车道综合设置。

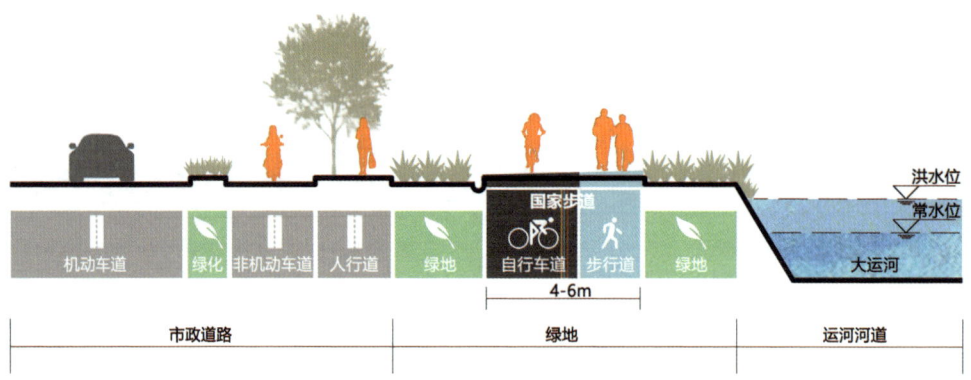

图 3-1　综合型步道宽度示意图

（2）步行道和自行车道分开设置。

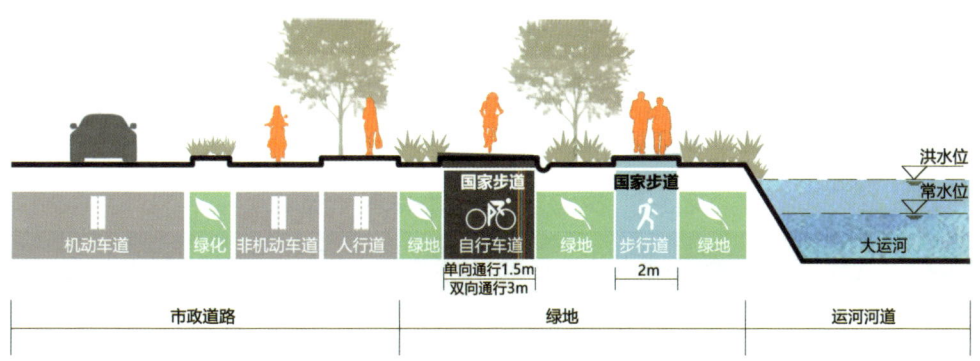

图 3-2 城镇型步道宽度示意图（步行道和自行车道分设）

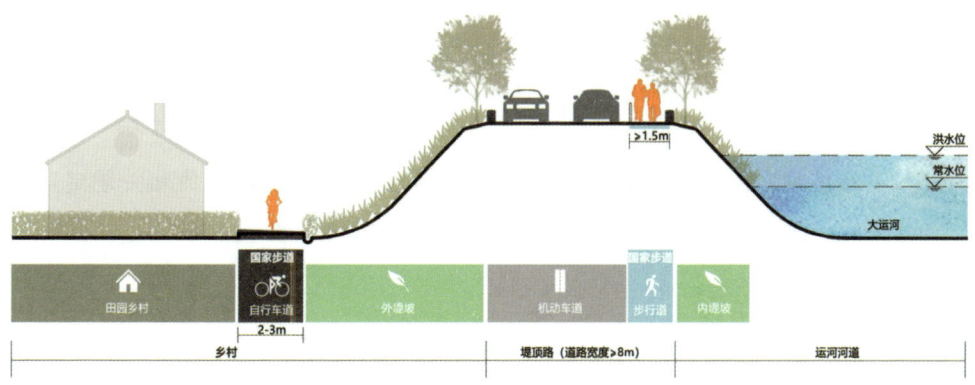

图 3-3 郊野型步道宽度示意图（步行道和自行车道分设）

2. 竖向设计

步道竖向设计应根据周边城乡道路的标高、场地附近河道水系的常水位和最高洪水位、临湖区域的防洪标高、周围市政管线的接口标高等影响因素确定。

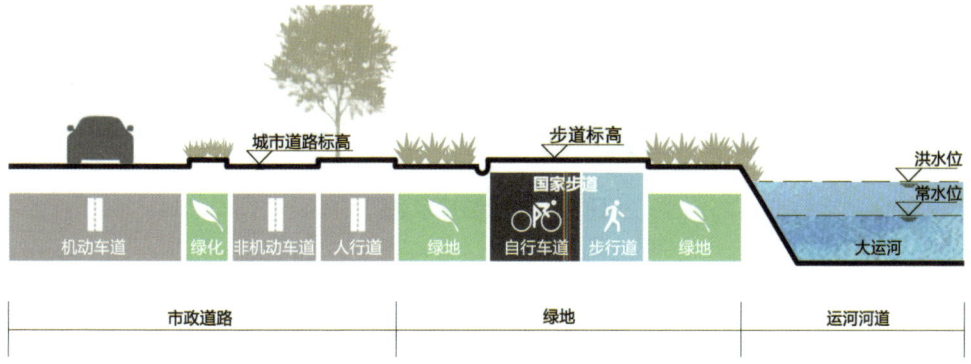

图 3-4 步道竖向设计示意图

3. 步道坡度

步道应与现状自然地形相结合，避免持续较大坡度的长坡，可设适宜的横坡坡度以便于路面排水。步道坡度设计要求见表 3-2 的规定。

表 3-2　步道坡度设计要求一览表

步道分类	纵坡坡度	最大坡长（m）	横坡坡度
步行道	不宜超过 8%	—	不小于 1%
自行车道、综合型步道	≤ 2.5%	300	2% ~ 4%
	≤ 3%	200	
	≤ 3.5%	150	

步道坡度需符合《城镇绿道工程技术标准》CJJ/T 304 中的相关规定。如借用现状道路时，可根据现状道路情况，适当降低此要求。

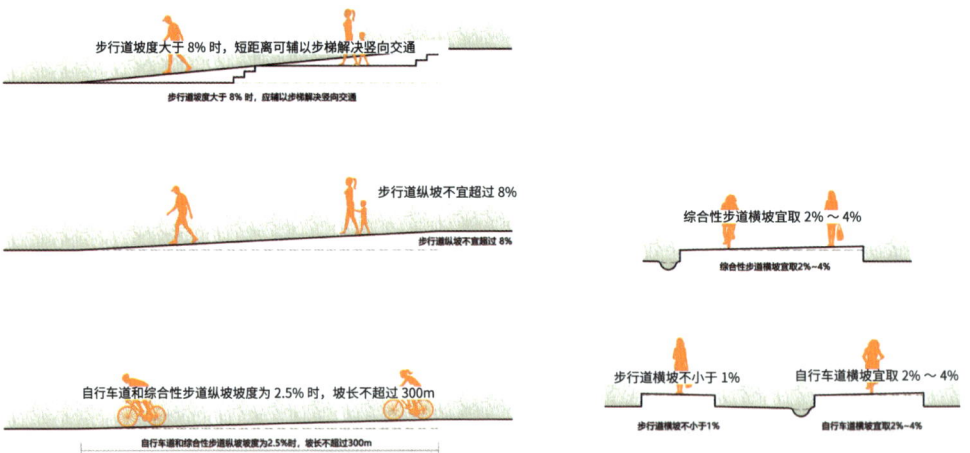

图 3-5　路面坡度示意图

4. 净空及转弯半径

步道应衔接顺畅，净空应大于等于 2.5m。

自行车道和综合型步道的转弯半径不宜小于 10m；当用地条件受限，转弯半径小于 10m 时，应在转弯道内侧增加 1m 宽场地。

自行车道宜限定自行车行驶速度，最高速度宜为 15km/h。

> 步道在建设过程中应符合现行国家行业标准《城市道路工程设计规范》CJJ 37 中关于净空的相关规定。转弯半径应符合《城镇绿道工程技术标准》CJJ/T 304 中的相关规定。为了保障步道使用安全，根据住房城乡建设部印发的《城市步行和自行车交通系统规划设计导则》（建城〔2013〕192 号）对自行车速度进行了限定。

二、路面和路基

1. 路面色彩

步行道、自行车道应采用不同的地面标识、步道色彩、画线等方式区分不同的使用功能。

步道地面标识色彩建议如下：

——自行车道采用沥青底色，步行道色彩范围从图 3-6 运河 16 色中进行选取，应以地级市的市域为单位进行统一。步道人车并行区段相交处采用白色压线。

——应在自行车道路面设置标志大运河国家步道的三道彩色线，三线颜色从图 3-6 运河 16 色中进行选取。

> 运河 16 色来源于清代徐杨的《乾隆南巡图》，是中国国家博物馆典藏的国宝级书画珍品之一。全套共十二卷（纸本完整），其中，涉及大运河的图卷共计六卷，描绘了大运河的庞大体系与丰富细节。以黄河、淮河、运河、洪泽湖、长江、西湖、南湖等风景为代表，记录了中国古代大运河的治水工程、漕运盛况、浮桥剪影，以及运河两岸的繁华市景。

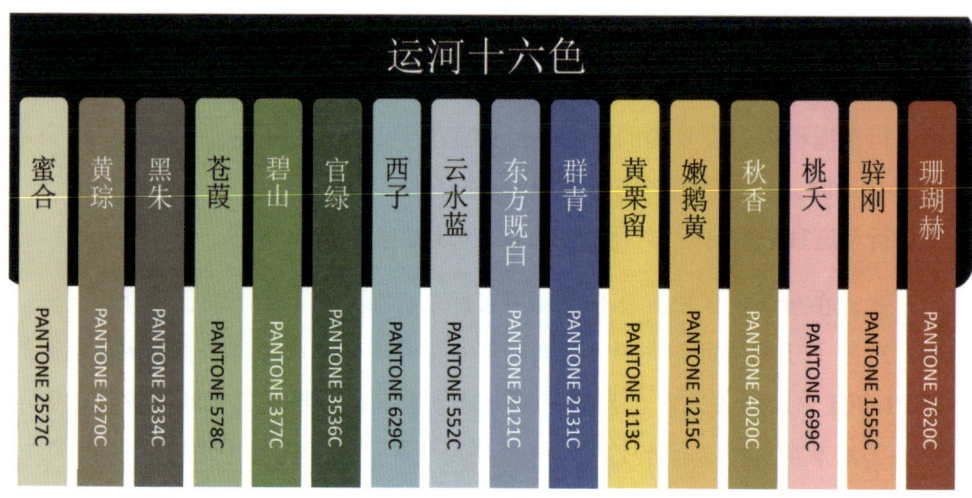

图 3-6　路面色彩建议

步道标准段宽 5m，其中 1.5m 步道 +3.5m 双向骑行道。在骑行道和步行道设有对应的骑行和步行标识，沿步道间隔 200m 布置。三道彩色线各宽 100mm，间隔 50mm，位置根据路面宽度灵活布置。

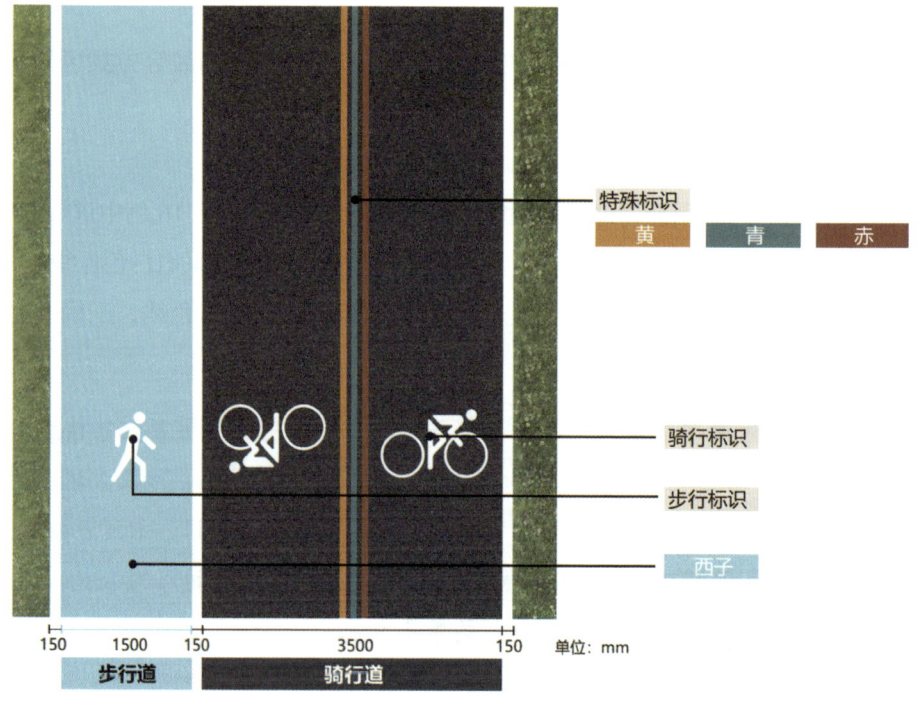

图 3-7　步道标准段示意图

2. 路面材料

路面应平整、防滑、安全、舒适。新建步道的路面宜结合新材料、新技术和新工艺，合理选用透水型彩色沥青混凝土等材料，不宜采用块材；改建步道的路面宜结合现状路用材料，并按照大运河国家步道的统一规范要求进行设计和实施。

图 3-8　新建步道示意图

图 3-9　改建步道示意图

3. 路面路基强度

路面和路基应具有足够的强度和稳定性，良好的抗变形能力和耐久性。步道路面结构的设计使用年限宜为 10 年。

城镇型步道的路面、路基建设工程应符合现行行业标准《城市道路工程设计规范》CJJ 37 的相关规定。郊野型步道的路面、路基建设工程应符合现行行业标准《小交通量农村公路工程技术标准》JTG 2111 的相关规定。

（1）路基

①道路路基应符合下列规定：

——路基必须密实、均匀，应具有足够的强度、稳定性、抗变形能力和耐久性；并结合当地气候、水文和地质条件，采取防护措施。

——路基工程应节约用地、保护环境，减少对自然、生态环境的影响。

——路基断面形式应与沿线自然环境和城市环境相协调，不得深挖、高填；同时应因地制宜，合理利用当地材料和工业废料修筑路基。

——路基工程应包括排水系统、防排水设施和防护设施的设计。

②路基防护应根据道路功能，结合当地气候、水文、地质等情况，采取相应防护措施，并应符合下列规定：

——路基防护应采取工程防护与植物防护相结合的防护措施，并应与景观相协调。

——深挖、高填、沿河等路段的路基边坡，必须根据其工程特性进行路基防护设计。对存在稳定性隐患的路基，应进行稳定性分析；当稳定性不满足要求时，必须采取加固措施。

③对软土、黄土、膨胀土、红黏土、盐渍土等特殊土地区的路基设计，应查明特殊土的分布范围与地层特征，查明特殊土的物理、力学和水理特性，以及道路沿线的水文与地质条件；进行路基变形分析和稳定性验算；应合理确定特殊地基处理或处治的设计方案，满足路基变形和稳定性要求。

（2）路面

①路面面层应符合下列规定：

——道路经过景观要求较高的区域或突出显示道路线形的路段，面层宜采用彩色。

——综合考虑雨水收集利用的道路，路面结构设计应满足透水性的要求。

②非机动车道路面设计应符合下列规定：

——非机动车道的路面应根据筑路材料、施工最小厚度、路基土类型、水文地质条件及当地工程经验，确定结构层组合和厚度，满足整体强度和稳定性的要求。

——非机动车道同时有机动车行驶时，路面结构应满足机动车行驶的要求。

——处于潮湿地带及冰冻地区的道路，非机动车道路面应设垫层。

③人行道和广场的铺面应满足稳定、抗滑、平整、生态环保和城市景观的要求，其设计应实用、经济、美观、耐久。

利用堤防设置的步道工程应符合现行国家标准《堤防工程设计规范》GB 50286 的相关规定，满足防洪和安全要求。

堤防与各类建筑物、构筑物的连接：

（1）与堤防交叉的各类建筑物、构筑物，宜选用跨越的形式，需要穿堤的建筑物、构筑物，应合理规划，并应减少其数量。

（2）与堤防交叉、连接的各类建筑物、构筑物，应根据自身的结构特点、运用要求、堤防工程的级别和结构等情况，选择安全合理的位置和交叉、连接结构形式。

（3）修建与堤防交叉、连接的各类建筑物、构筑物，应进行洪水影响评价，不得影响堤防的管理运用和防汛安全。

（4）穿堤的建筑物、构筑物的底部高程宜高于堤防设计洪水位。

（5）当堤防工程扩建加高时，应对穿堤的各类建筑物、构筑物按新的设计条件进行验算，并应符合下列要求：

——应满足防洪要求。

——运用工况应良好。

——应满足结构强度要求。

——外周的覆盖土层应满足设计要求的厚度和密实度。

——分段的接头和止水应良好。

——外周与土堤结合部应满足渗透稳定要求。

（6）临堤建筑物、构筑物自身应满足稳定、安全的要求。与堤防连接时，不应降低堤顶高程，不应削弱堤身设计断面强度，连接部位应采取加固措施。

（7）临堤建筑物、构筑物与土堤接合部周围受水流冲刷、淘刷的堤身和堤岸部位，应采取防护措施。

三、安全隔离

1. 步道与机动车道之间

步道应与机动车道实施物理隔离，宜采用绿化带、设施带和隔离栏等方式。

物理隔离设施包括绿化带、隔离履带、护栏、隔离墩等。当步道与机动车道隔离宽度大于等于1m时，宜设置隔离绿化带。当步道与机动车道隔离宽度小于1m时，应设隔离墩或护栏作安全隔离，其形式应与周边环境相协调。

图3-10　绿化带

图 3-11　隔离栏

2. 综合型步道不同功能之间

综合型步道包括步行道和自行车道两种功能。应对不同的使用功能进行设计，宜采用地面标识、步道色彩、画线等非物理隔离方式或设置设施带等物理隔离的方式。

综合型步道如用地条件有限，可以采用路面喷涂色彩、图案、字符、线条等方式实现步行道和自行车道的引导功能。

图 3-12　非物理隔离

图 3-13　物理隔离

步道出入口处应设置阻车桩，阻止机动车、私人电动车驶入步道。阻车桩宜选用反光材料，确保安全醒目。

图 3-14　阻车桩

四、交通衔接

1. 交通交叉

（1）与铁路、高速公路、城市快速路、城市轨道交通相交叉

应采用立体交叉形式，可采用架设栈道、人行天桥、借用城市桥梁和下穿隧道等方式保证连通和通行，并与周边环境相协调。应符合现行行业标准《城市人行天桥与人行地道技术规范》CJJ 69 的相关规定。

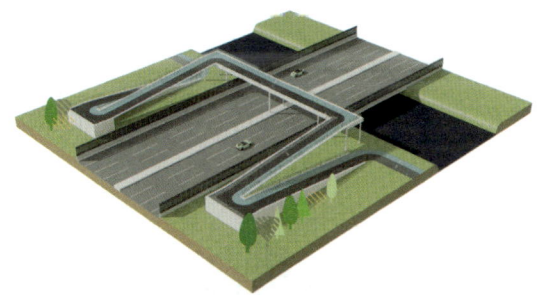

图 3-15　修建人行天桥

图 3-16　下穿隧道

（2）与公路、城市主干路、城市次干路、支路平面相交叉

应采用灯控路口交叉形式。平面交叉口应划定醒目的人行横道，并设置清晰的标识。标识标线设置应符合现行国家标准《城市道路交通标志和标线设置规范》GB 51038、《道路交通标志和标线 第2部分：道路交通标志》GB 5768.2、《道路交通标志和标线 第3部分：道路交通标线》GB 5768.3 的相关规定。

图 3-17　平面交叉

道路与道路交叉应符合现行行业标准《城市道路工程设计规范》CJJ 37 的相关规定。

道路交叉口设计应保障交通安全，使交叉口车流有序、畅通、舒适，并应兼顾景观。应兼顾所有交通使用者的需求，处理好与其他交通方式的衔接。

平面交叉口的交通组织和渠化方式应根据相交道路等级功能定位、交通量、交通管理条件等因素确定。信号交叉口平面设计应与信号控制方案协调一致，渠化设计不应压缩行人和非机动车的通行空间。

平面交叉口范围内道路平面线形宜采用直线；当需采用曲线时，其曲线半径不宜小于不设超高的最小圆曲线半径。

平面交叉口范围内道路竖向设计应保证行车舒顺和排水通畅，交叉口进口道纵坡不宜大于2.5%，困难情况下不应大于3%。山区城市道路等特殊情况，在保证安全的情况下可适当增加。

交叉口视距三角形范围内不得存在任何妨碍驾驶员视线的障碍物。

（3）与各类河道及其附属交通设施相交叉

应结合码头、桥梁设计合理确定交叉方式，减少占用桥梁的面积，新建过河设施应符合水利、交通等管理规定，涉及不可移动文物的应符合文物保护的相关管理规定。

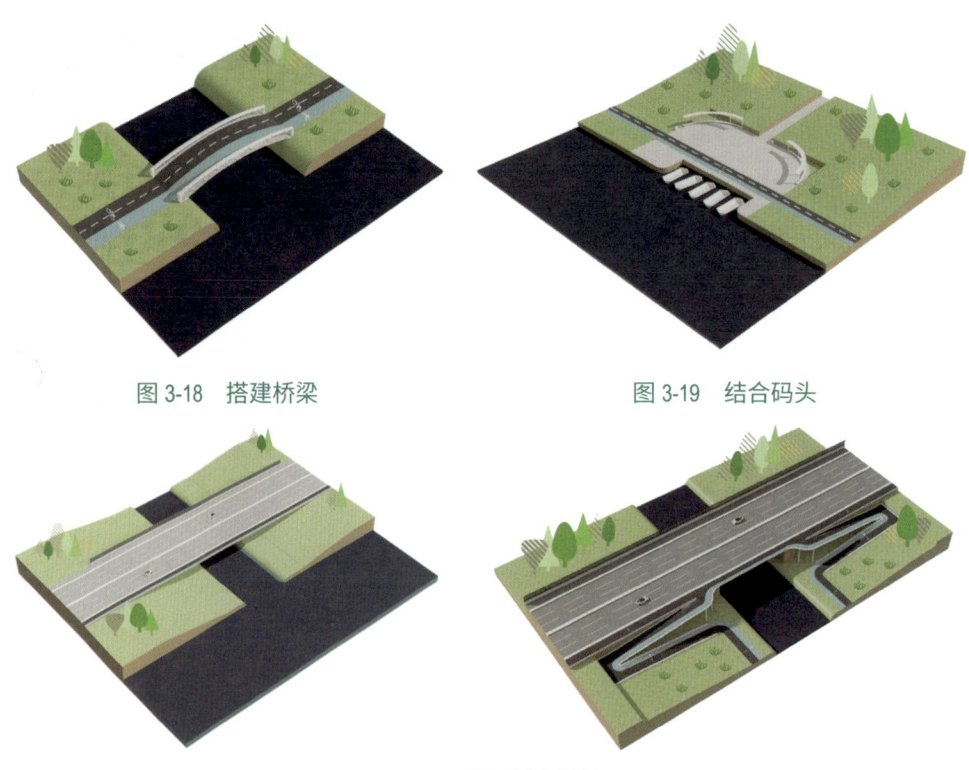

图 3-18　搭建桥梁　　　　　　图 3-19　结合码头

图 3-20　借用城市桥梁

2. 交通接驳

步道应统筹设置交通接驳系统，宜与城乡慢行系统、公共交通系统等衔接。交通接驳点应留出必要的安全集散空间，配套设置减速带及标识等。

步道出入口应根据人流量和现有道路情况合理布置，宜邻近现有道路、公交站点、停车场等地点设置。

步道应结合周边城镇、公园、景区等的停车资源统筹设置公共停车场，因地制宜解决停车问题，包括机动车停车场和非机动车停车场，机动车和非机动车停车区域应合理设置通道，铺装宜采用生态透水铺装方式。

步道新建机动车公共停车场时，新能源汽车的停车位数量应满足国务院办公厅印发的《关于加快电动汽车充电基础设施建设的指导意见》（国办发〔2015〕73号）要求，建设充电设施或预留建设安装条件的车位比例不低于10%。

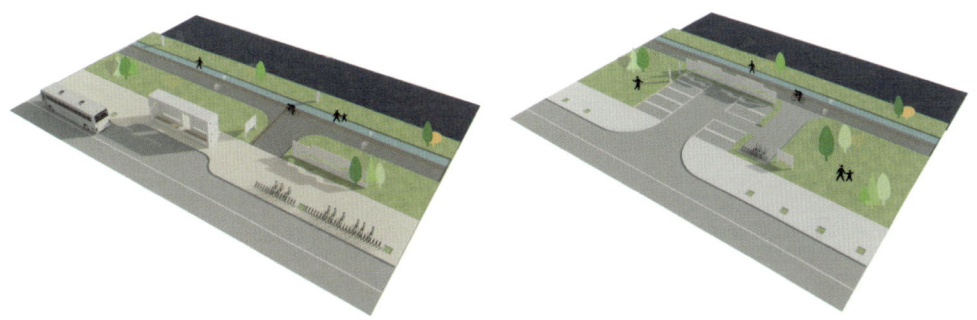

图 3-21　邻近公交站点　　　　　　　　图 3-22　邻近停车场

图 3-23　步道交通接驳示意图

大运河国家步道建设技术导则
（实施手册）

第四章 服务设施
Service Facilities

综合服务设施
游憩健身设施
文化科普设施
安全保障设施
环境卫生设施

一、综合服务设施

大运河国家步道综合服务设施由游客服务中心和驿站组成。

1. 游客服务中心

（1）建设方式

游客服务中心应在地级市及以上城市设置，宜结合当地的博物馆、文化馆及景区游客服务中心等配置，建设标准宜符合现行行业标准《城市旅游服务中心规范》LB/T 060 的相关规定。

一个地级市及以上城市建议只建一个游客服务中心，对全市的大运河国家步道进行综合管理。宜结合现有设施配置，避免新建。可根据本导则中的基本功能要求以及相关建设标准，对现有设施进行提档升级。

图 4-1　结合现有设施设计

（2）功能要求

游客服务中心承担步道的综合管理功能，宜具备大运河文化展示和国际传播交流功能，以及信息咨询、信息获取、旅游投诉、宣传展示、交通集散、旅游预订、游客游憩、便民服务等功能。

图 4-2 游客服务中心基本功能

2. 驿站

（1）建设方式

驿站应充分利用现有设施，控制新建设施的数量及规模。

选址应从节约成本的角度考虑，应设置在服务范围内人口密度大，使用频繁，且交通便利、易到达的地方，以利于提高建设投资效益和运营管理效率，降低日常运行成本。驿站选址应具备良好的给排水、供配电、通信等条件，以确保驿站的正常运行。不同等级驿站应满足相应的用地面积指标。新建驿站在建设条件允许的情况下，鼓励根据建设等级，建设集多种功能于一体的服务综合体。改扩建项目应充分利用原有设施以节约投资。

（2）功能要求

结合步道分级、分类、区位、现状等综合条件设置，分为 3 个等级。驿站分级、设置和建设要求详见表 4-1，表 4-2 为驿站基本功能设施设置一览表。

表 4-1 驿站分级、设置和建设要求

驿站分级	设置地点	建筑面积（m²）
一级驿站	各区县应设置不少于 1 处，宜结合大型景区景点、公服设施、文化体育设施等设置	200（含）~ 500
二级驿站	宜结合景区景点、代表性文化遗产点、闲置水工设施、村史馆、文化礼堂、农业园区等设置	100（含）~ 200
三级驿站	宜根据功能需要灵活设置	20 ~ 100

表 4-2　驿站基本功能设置一览表

功能类型	基本项目	一级驿站	二级驿站	三级驿站
管理服务	综合管理	○	—	—
	游客服务	●	○	—
商业服务	住宿点	○	○	—
	购物点	●	○	—
	售卖点	●	●	○
	餐饮点	●	○	—
游憩健身	休憩点	●	●	●
	活动场地	●	○	—
	观景点	○	○	○
文化科普	文化展示	●	●	○
	传播展演	●	○	—
	体验展销	●	○	—
安全保障	治安消防点	●	—	—
	医疗急救点	●	○	○
	应急救援	●	●	●
	无障碍设施	●	●	●
环境卫生	旅游厕所（含第三卫生间）	●	●	●
	垃圾箱	●	●	●
停车服务	泊车区（含新能源车位）	●	○	—
	自行车存放区	●	○	—
	设备维修	●	○	—
	交通接驳	●	○	—

注：●必须设置　○可以设置　—不做要求

——一级驿站：应保证基本功能的完整性，对各类设施进行合理配置。

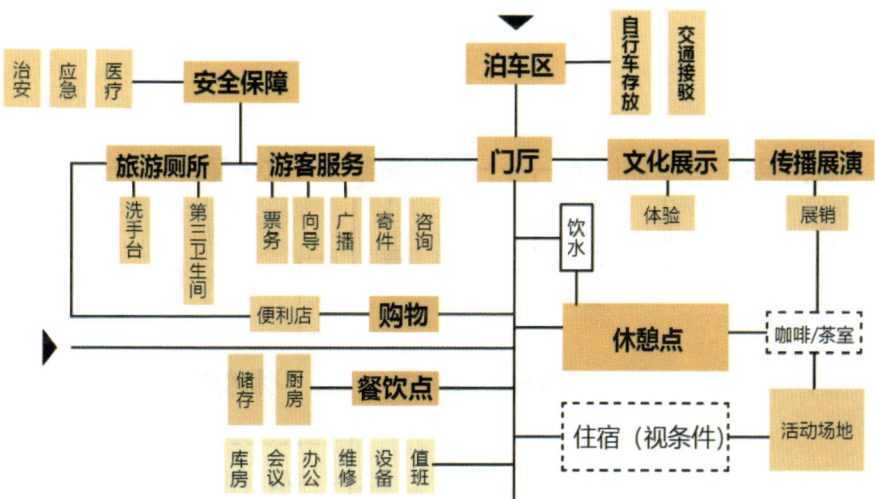

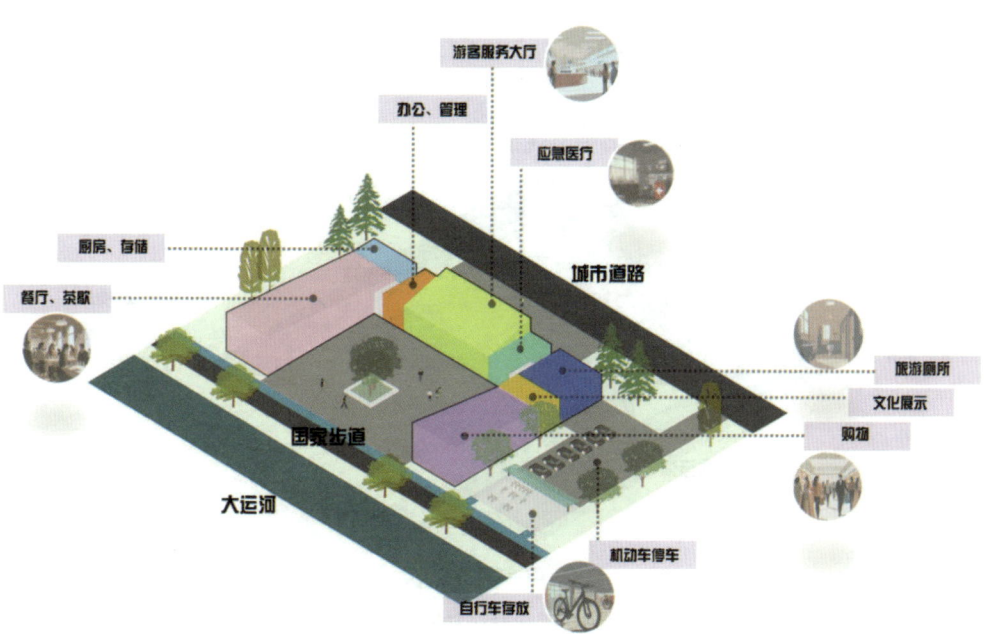

图 4-3 一级驿站功能关系图

——二级驿站：应保证主要功能完备，如受到规模、场地等多方面因素的限制，部分设施可借助周边公共设施，避免浪费。

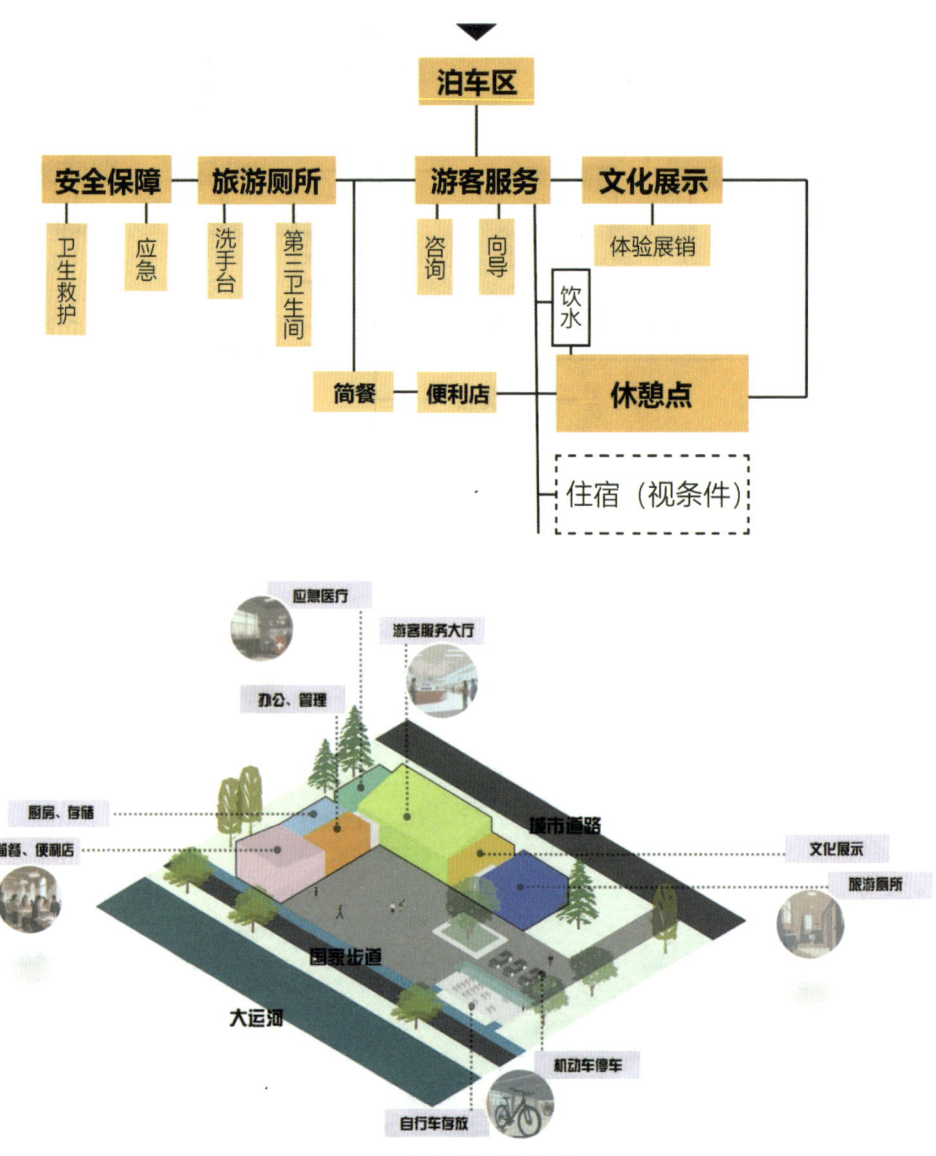

图 4-4　二级驿站功能关系图

——三级驿站：三级驿站按照空间距离、可达性等设置，提供基本功能。根据普通人在城市道路的平均骑行速度为 12～15km/h，每 20min 休息补给一次计算，建议三级驿站设置间距为 3～5km，或根据功能需要灵活设置。

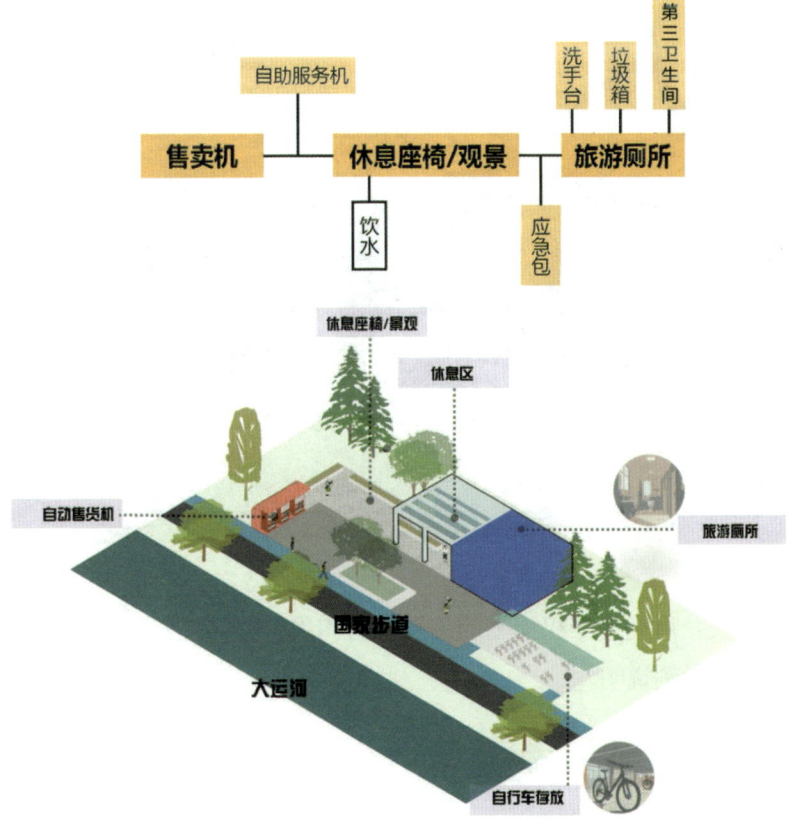

图 4-5　三级驿站功能关系图

(3) 建设方式

——新建类：根据本导则中的不同级别的驿站基本功能要求以及相关建设标准进行模块化设计。根据现状实际情况，预留可拓展空间，便于未来新增功能的引入。

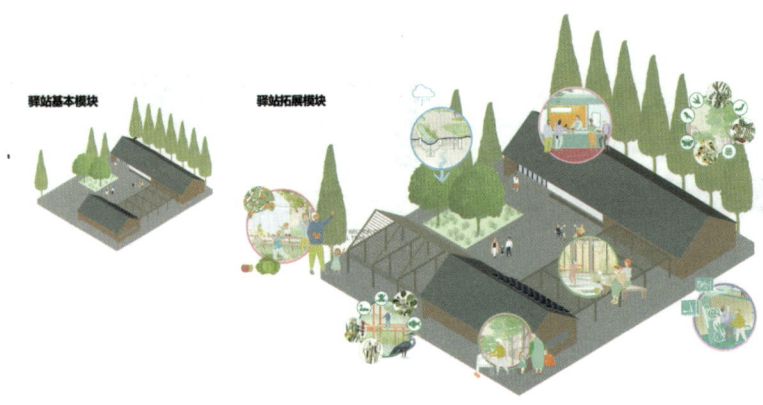

图 4-6　新建驿站示意图

——改建类：可利用产权清晰的闲置用房和现有驿站、公厕等进行改造。以下结合现状情况举例说明。

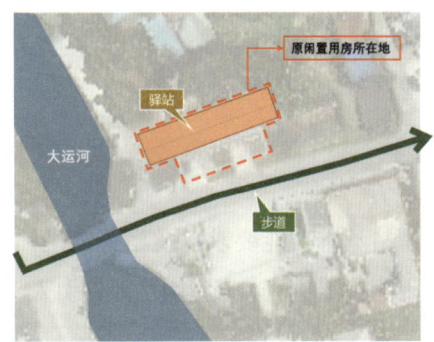

现状区位图

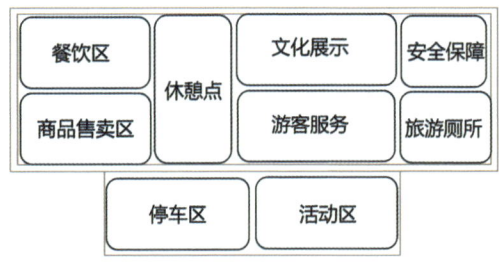

改造功能图

改造前

改造后

图 4-7　利用闲置集体用房改造

第四章 服务设施
Service Facilities

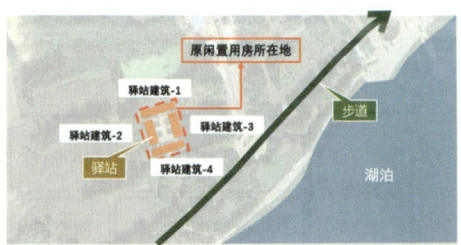

现状区位图

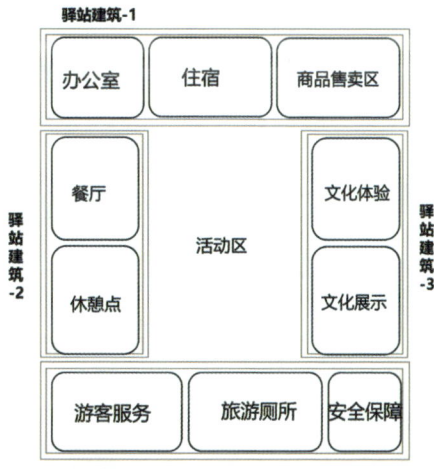

改造功能图

改造前

改造后

图 4-8 利用闲置商业用房改造

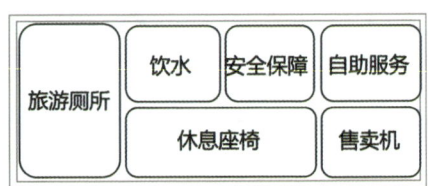

现状区位图　　　　　　　　　　　　　　　　　　　改造功能图

改造前

改造后

图 4-9　利用闲置管理用房改造

现状区位图

改造功能图

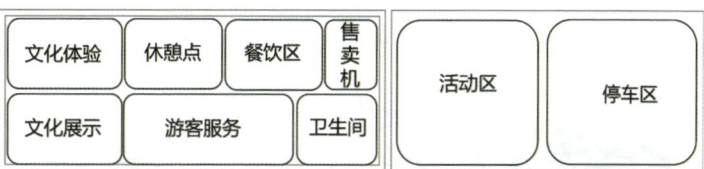

改造前

改造后

图 4-10　利用现有驿站改造

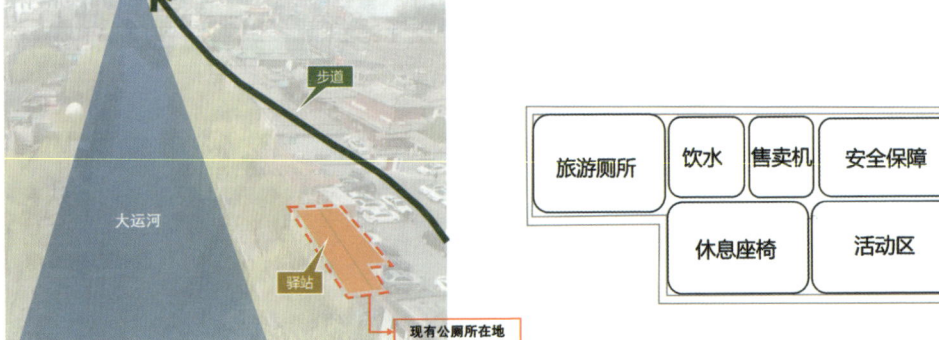

现状区位图 改造功能图

改造前

改造后

图 4-11 利用现有公厕改造

——结合类：现有建筑功能完善，设施齐整，可直接挂牌使用。

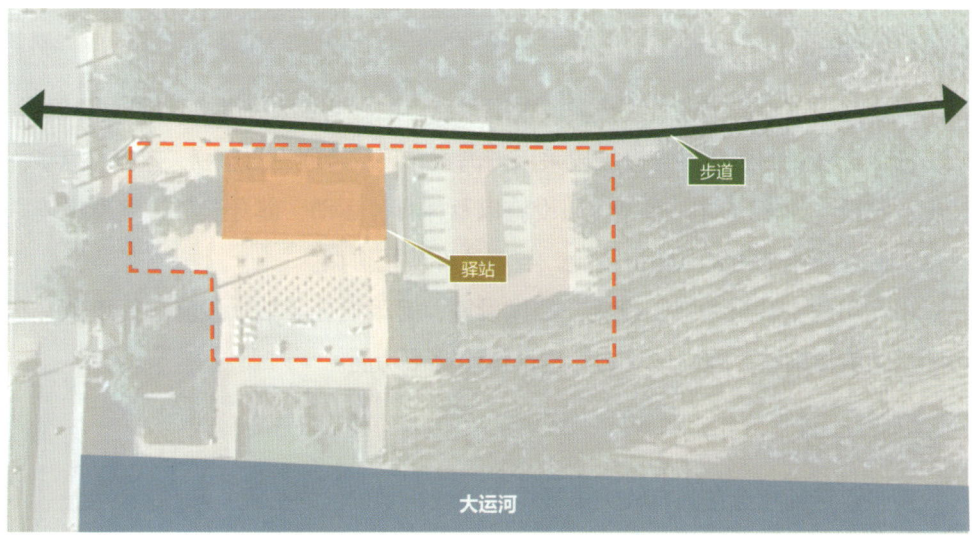

现状区位图

图 4-12　结合现有建筑

二、游憩健身设施

1. 设置要求

大运河国家步道宜在沿线按需设置观景点、休憩点、活动场地等游憩健身设施。

沿步道设置的游憩健身设施应采用港湾式布局，合理设置座椅、座凳、凉亭、长廊、花桥、遮阳（雨）棚等休憩设施以及体育、运动、健身器材等健身设施，以及护栏、减速带等安全防护设施，与周边环境相协调。

可利用乔木种植和遮阳设施、挡风设施、遮雨设施等独立设施进行遮蔽，也可利用建筑物挑檐、独立构筑物等提供休憩遮蔽功能。

2. 建设方式

观景点选址应选在具有较突出视觉审美或科学价值的路侧、制高点等处。

图 4-13　观景点示意图

休憩点主要供游客休息。在城镇型步道沿线设置间隔宜为 500 ~ 1000m，在郊野型步道沿线设置间隔宜为 2000m。

宜结合国家步道周边驿站设置

宜结合文娱体育区设置

宜结合公园绿地设置

宜结合广场设置

图 4-14 休憩点示意图

活动场地宜结合城乡居民需求及现状条件设置，主要供居民和游客进行休闲、健身等活动，用以拓展全民健身空间。场地宜选择柔性、耐磨的地面材料，不应采用边缘锐利的路缘石。

图 4-15 活动场地示意图

场地内宜设置室外健身设施，应保障安全性和舒适性；场地内的构筑物及室外健身设施应符合现行国家标准《公共体育设施室外健身设施应用场所安全要求》GB/T 34284 和《公共体育设施室外健身设施的配置与管理》GB/T 34290 的相关规定要求。

马拉松等赛事活动起终点应具备足够的热身区、休息区、更衣区、集结出发区等活动空间。

三、文化科普设施

1. 设置要求

大运河国家步道宜结合运河沿线具有展示价值的节点及闲置空间设置文化科普设施。

文化科普设施应充分展现运河沿线各类物质文化和非物质文化遗产的特征与价值，宣传展示运河沿线具有地方特色的风物民俗和农文旅产品。

图 4-16　渔民文化展示

图 4-17　非物质文化遗产展示

文化科普展示内容宜结合古今水利工程的科技创新成果,培育具有运河特色的文化科普品牌。

图 4-18　水利工程文化展示

文化科普设施宜注重文化与科技的结合,在有条件的区域,可设置数字化的展览空间,通过 AR、VR、全息投影等数字化技术展示运河文化,提供文化的沉浸式体验。

图 4-19　水幕投影

2. 建设方式

步道沿线宜结合小型博物馆、文化展览馆、非遗展示馆、民俗馆、纪念馆、驿站、桥下空间以及具有重要自然景观、历史文化资源价值的节点等设置文化科普设施。

第四章 服务设施
Service Facilities

图 4-20 结合小型博物馆、驿站

图 4-21　结合桥下等闲置空间

四、安全保障设施

1. 设置要求

大运河国家步道应在沿线按需设置应急救援设施设备、安全防护设施、无障碍设施等安全保障设施。

2. 建设方式

大运河国家步道沿线应设置安防监控设施设备、报警设施设备、消防设施设备、应急救援电话、应急广播等，并就近接入各治安消防点、医疗急救点。

> 治安消防点、医疗急救点应结合驿站设置，使驿站具备较高的应对突发安全事件的应急处理能力。其中，治安消防点应衔接城镇的监控系统、报警系统、应急响应系统等系统，设备配置应按当地公安消防及应急部门规定执行。医疗急救点应与周边的现有医院、医疗急救机构对接，并配备必要的医疗救护药箱、急救药品、包扎用品、必要医疗急救设备、水上救生和野外救护装备，并进行定期检查。

大运河国家步道在有条件的区域，宜实现"平急两用"功能，兼具防洪、消防、医疗、应急救助等用车的通行条件。

"平急两用"指平时和紧急情况下都能发挥有效作用。平时可以作为大运河国家步道,又能在应急状况或灾害发生时具有紧急交通疏散和救援任务功能。

大运河国家步道沿线应设置防地质灾害、防拥挤、防溺水、防坠落等安全防护设施,特殊地段有专人巡查。

滨河步道在边缘临空高差大于1m处,应设置护栏。护栏高度不得低于1.05m,高差较大处可适当提高,但不宜大于1.2m。

大运河国家步道安全防护设施需符合现行标准《民用建筑设计统一标准》GB 50352、《城镇绿道工程技术标准》CJJ/T 304 及《城市步行和自行车交通系统规划设计导则》GB/T 51439 的要求。

3. 无障碍设施

大运河国家步道全线及出入口、停车场、游客服务中心、驿站等均应配套无障碍设施,无障碍设施设置应符合现行国家标准《无障碍设计规范》(GB 50763)的相关规定。

(1)步道出入口、停车场

步道出入口以及与停车场衔接的通道应设置平坡出入口或轮椅坡道,地面应平整、防滑、无反光。平坡出入口的地面坡度不应大于1:20。

(2)观景台等有高差的地方

同时设置台阶和轮椅坡道,条件允许的情况下可设置升降平台。轮椅坡道高度超过300mm且坡度大于1:20时,应在两侧设置扶手,坡道与休息平台的扶手应保持连贯。轮椅坡道应设置无障碍标志。

图 4-22　步道出入口、停车场的无障碍设施

（3）游客服务中心、驿站

应设置无障碍通道，室内走道宽度不应小于 1.20m，人流较多或较集中的大型公共建筑的室内走道宽度不宜小于 1.80m。室外通道不宜小于 1.50m。无障碍通道上有高差时，应设置坡道，便于轮椅通行。

图 4-23　观景台、游客服务中心、驿站的无障碍设施

五、环境卫生设施

1. 设置要求

大运河国家步道应在沿线按需设置旅游厕所、垃圾箱等环境卫生设施。

2. 建设方式

旅游厕所应布局合理、数量充足、标识醒目，宜充分利用现有公厕或根据需要增加移动厕所。应符合现行国家标准《旅游厕所质量要求与评定》GB/T 18973 的质量要求。

新建旅游厕所的建筑风貌宜与周边环境相协调，与本地文化相结合。

> 旅游厕所的建筑面积根据人流量设定，男女厕位比例（含男用小便位）不大于 2:3。旅游厕所需符合《城镇绿道工程技术标准》CJJ/T 304 中的相关规定，城镇型步道厕所设置间隔宜为 500~1000m，郊野型步道厕所间隔宜为 2000m。

垃圾箱应就近纳入城镇或乡村的垃圾转运系统。城镇型步道沿线可间隔100～200m，郊野型步道沿线间隔可适当放宽。

垃圾箱应有明显标识并易于识别，可设垃圾分类指示，选用生态环保材料，风格与周边环境相协调。

垃圾桶间距应符合《城镇绿道工程技术标准》CJJ/T 304中的相关规定。

大运河国家步道建设技术导则
（实施手册）

第五章　标识设施
Signage Facilities

系统设计
文化标识
导视标识
解说标识
安全标识

一、系统设计

1. 组成部分

标识设施应由文化标识、导视标识、解说标识和安全标识组成，宜内容清晰简洁、风格统一、便于识别。步道标识、图形符号、字体字号应符合相关标准规定。除特别规定外，所有标识均应采用中、英文两种语言设置。

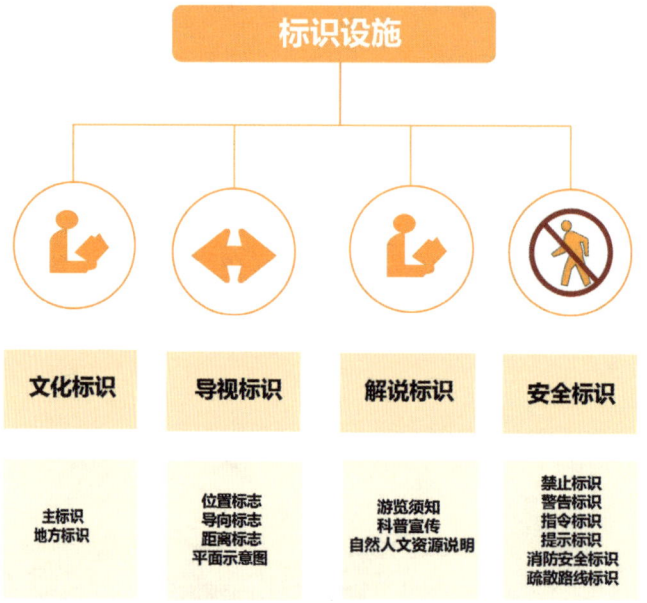

图 5-1 标识设施组成部分

步道标识应符合《道路交通标志和标线第 2 部分：道路交通标志》GB5768.2 中相关规定。

——按照从左至右，从上至下顺序排列，一个地名不应写成两行或两列；一块标志上文字不应既有横排又有竖排。

——标识上使用英文时，地名用汉语拼音，第一个字母大写，其余小写。

——标识汉字高度宜为 25～30cm。

2. 标识符号

标识设计应符合现行国家标准《公共信息图形符号 第 1 部分：通用符号》GB/T 10001.1、《公共信息图形符号 第 4 部分：运动健身符号》GB/T 10001.4 和《公

共信息导向系统 设置原则与要求 第7部分：运动场所》GB/T 15566.7对符号设计原则、形状、颜色、范围、规格等的相关规定。

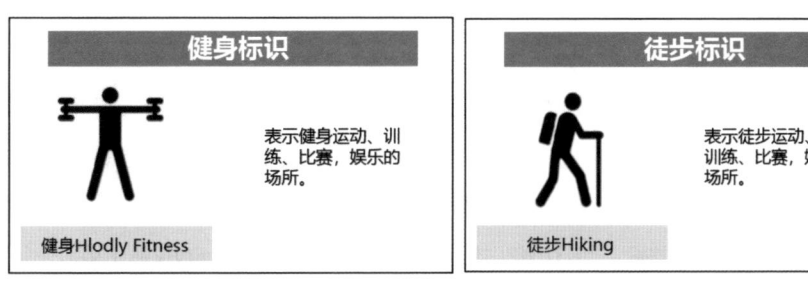

图5-2 部分标识符号示意图（图片来源：《公共信息图形符号 第4部分：运动健身符号》GB/T 10001.4）

3. 字体、字号

字体、字号须符合现行国家标准《公共信息导向系统 导向要素的设计原则与要求 第1部分：总则》GB/T 20501.1中相关规定。

——文字应首选中文。同时使用两种语言文字时，第二种文字宜使用英文，同时使用的语言文字种类不宜多于三种。

——导向要素中同时使用两种或三种语言文字时，信息含义应以中文为准，中文应在视觉上比其他语言文字醒目。

——中文字体宜使用黑体，英文字体宜选用无衬线字体（如Arial字体），字体的粗细宜为常规字体或半粗体。数字宜用阿拉伯数字。

金寨路　服务区　停车区

图5-3 汉字字体示例（图片来源：《道路交通标志和标线 第2部分：道路交通标志》GB 5768.2）

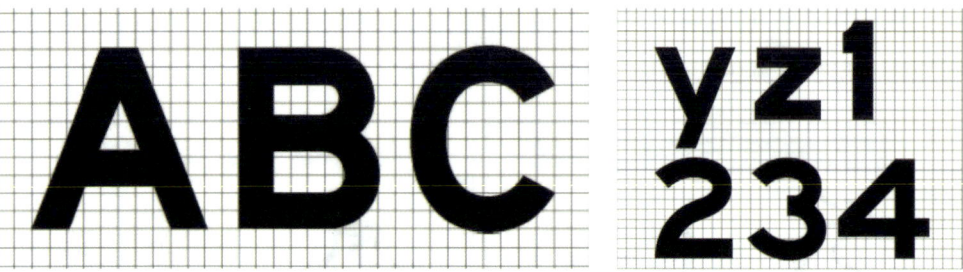

图 5-4　字体示例（图片来源：《道路交通标志和标线 第 2 部分：道路交通标志》GB 5768.2）

4. 高度与视距

（1）高度

位置标识如为附着式（例如在灯杆上设置），标志载体中心线与地面之间的垂直距离约为 1.6m。如果位置标志需要在更大观察距离上被识别，则标志载体的下边缘与地面之间的最小距离不宜小于 2.0m。

导向标志如果为附着式，下边缘与地面之间的垂直距离不宜小于 1.8m。

标志悬挂设置时，下边缘与地面之间的垂直距离不宜小于 2.2m。

（2）视距

根据人体工程学原理，综合标识设施上的信息（文字、图形等）类型和张挂形态，以容易辨识且简明易懂为原则，进行灵活设置，兼顾中距离与近距离相结合的阅读方式。

5. 一致性、规范性

同一地点需设两种以上标识时，标识牌可合并设计，内容不应矛盾、重复。

大运河国家步道的色彩、标识载体应以市域为单位进行统一，突出大运河国家步道的可识别性。

6. 标识材料

标识载体宜包括标识牌、信息墙、信息条、信息块等，应选用坚固耐用、生态环保、易维护的材料，可采用亚克力、钢材、木材、混凝土或自然石材等。

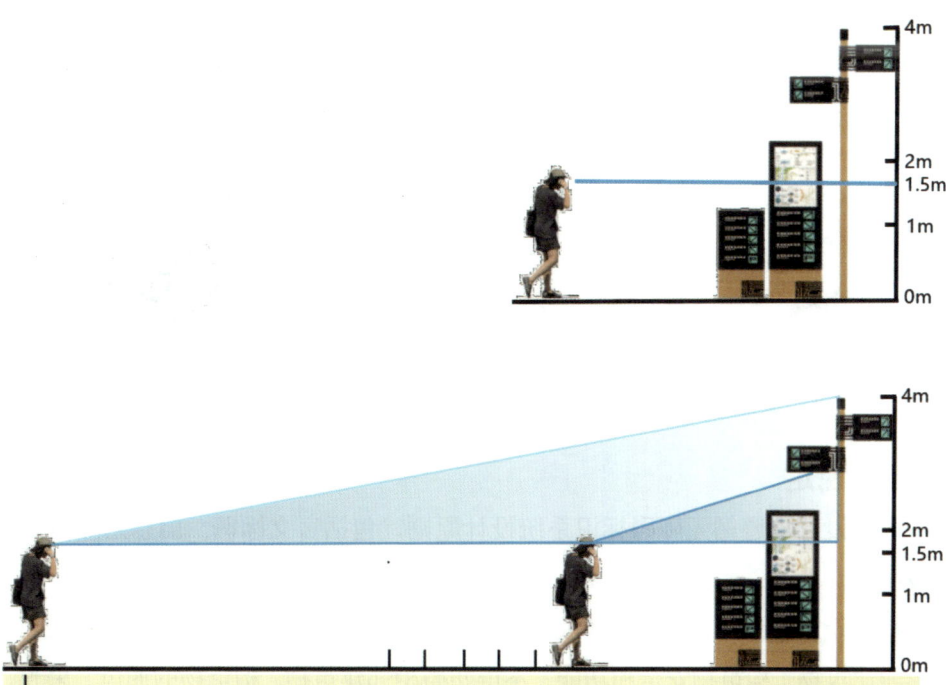

图 5-5　标识标牌高度、视距示意图

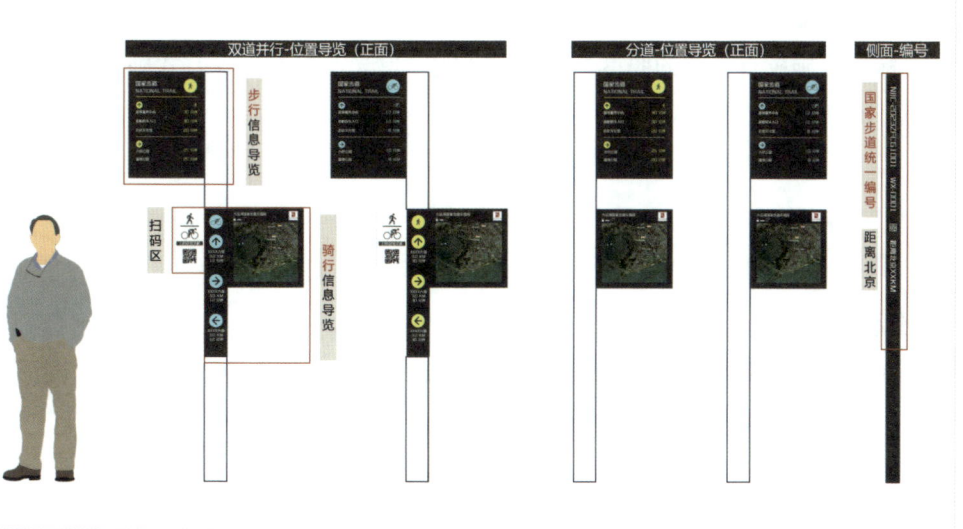

图 5-6　标识牌多种组合方式

山地：PU蘑菇石

森林：软木树皮板

商业：拉丝黄铜板

工业：锈石板软性装饰板

农田：禾香板

古镇：立瓦马赛克仿古瓦片

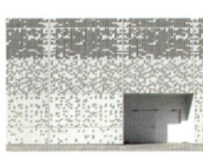
城市：冲孔铝单板

湿地：仿真永生苔藓板

图 5-7　标识牌材料示意图

7. 其他规定

标识设计应遵循无障碍标识系统设计原则，包括盲文标识、信息无障碍设备和设施等。

标识设施安装时应当安全牢固，符合节能环保要求，不得危及人身安全，不得影响建筑物、构筑物安全和功能，不得妨碍相邻建筑物、构筑物的通风、采光，不得妨碍交通通行和消防安全。标识系统安装时应符合现行国家行业标准《城市户外广告和招牌设施技术标准》CJJ/T 149 的相关规定。

标识设施宜充分利用、整合现有标识设施，并增加大运河国家步道信息和服务设施等信息。

标识设施应有足够的照度，宜通过照明、反光或自发光等方式确保夜间使用时清晰可辨。

二、文化标识

1. 主标识

大运河国家步道主标识是大运河国家步道的统一形象符号，宜由文字、图形、徽标等组成，全线统一设计，进一步树立大运河国家步道形象。

图 5-9　主标识推荐方案

2. 地方标识

大运河国家步道地方标识宜以地级市的市域为单位进行统一,与本地的自然、历史、文化等地域特色相结合。避免与城市道路交通标识相冲突或雷同,提升步道标识系统的可识别性和实用性。

图 5-10 地方标识示例

三、导视标识

1. 构成要素

导视标识应包括大运河国家步道主要信息、各类服务设施、自然与人文资源点等信息，宜结合交通接驳点、步道出入口、游客服务中心、各级驿站等地设置。

（1）位置标志

用于标明运河河段、当前位置、服务设施、景区景点、自然与文化资源点、步道出入口、岔路口等位置的标志，用以明确目的地所在位置。

（2）导向标志

为步道使用者提供步道方向信息的标志，用以指示通往服务设施、各类公共服务设施、自然与人文资源点等地的行进方向。

（3）距离标志

为步道使用者提供距离信息的标志，包括与北京、省界市界、步道出入口、交通接驳处、游客服务中心、各级驿站等的距离、康体健身的起终点和间隔距离。

（4）平面示意图

包括全景图、线路图、导视图，用以显示步道沿线服务设施、景区景点、自然与人文资源点的位置分布信息，以及咨询、投诉、紧急救援的电话号码及二维码等信息化信息。

2. 设置方式

导视标识应按照立体标识牌（杆）和平面路面标识标线设置，突出对大运河国家步道的引导和指示作用。

> 立体标识牌、标识杆可沿步道及重要节点处设置，便于使用者查询相关信息。平面路面标识标线包括大运河国家步道主标识、地方标识、大运河国家步道三道彩色线以及其他相关的具有导视功能的标识标线，应在大运河国家步道路面根据需要进行绘制。标线的设置应符合现行国家标准《公共信息导向系统 导向要素的设计原则与要求》GB/T 20501 中的相关规定。

3. 主要信息

步道信息：与步道使用者的参观游览、康体健身等步道活动直接相关的信息，包括步道线路、方向、长度、距离、分类、分级等信息。

公共服务设施信息：为步道使用者提供支持的信息，包括步道出入点信息、游客服务中心、驿站、无障碍设施和其他公共服务设施（如固定文化活动场所、餐饮场所、购物场所、急救场所）等信息。

说明解说类信息：为步道使用者提供参观游览的各类说明信息，包括步道沿线各类景区景点简介、自然及文化资源点说明、游览须知、科普宣传等信息。

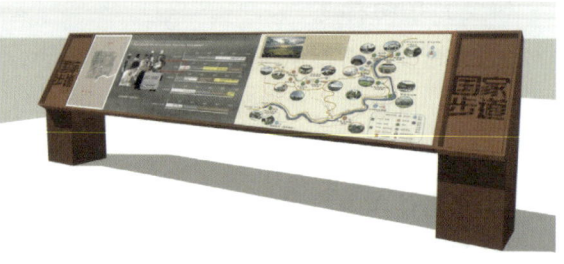

图 5-11　立体标识牌、平面路面标识标线示意图

图 5-12　标识设施主要信息示意图

4. 导视级别

　　导视标识构成要素由大运河国家步道的位置、导向、距离和平面示意图组成。其中主要信息分为三个等级，要求详见表 5-1。

表 5-1 导视分级和基本功能要求

导视等级			一级导视	二级导视	三级导视
主要信息			整体介绍、使用说明	步道、服务设施、资源点	定位和引导
构成要素	位置	运河河段	●	●	●
		当前位置	●	●	●
		步道出入口	●	●	○
		服务设施	●	●	●
		其他公共服务设施	●	●	—
		自然与人文资源点	●	●	—
	导向	步道方向	●	●	●
		服务设施	—	●	●
		其他公共服务设施	—	●	○
		自然与人文资源点	—	●	○
	距离	北京	●	—	—
		省界、市界	—	●	—
		交通接驳处	—	●	—
		服务设施	—	●	●
		其他公共服务设施	—	●	—
		自然与人文资源点	—	●	—
		康体健身起终点	—	—	●
	平面示意图	全景图	●	—	—
		线路图	●	●	—
		导视图	●	●	—
		信息化信息	●	●	○
设置位置			步道各出入口、游客服务中心和一级驿站	各关键节点、功能区、交通接驳、服务设施处	每隔300m等距离设置

●必须设置　○可以设置　—不做要求

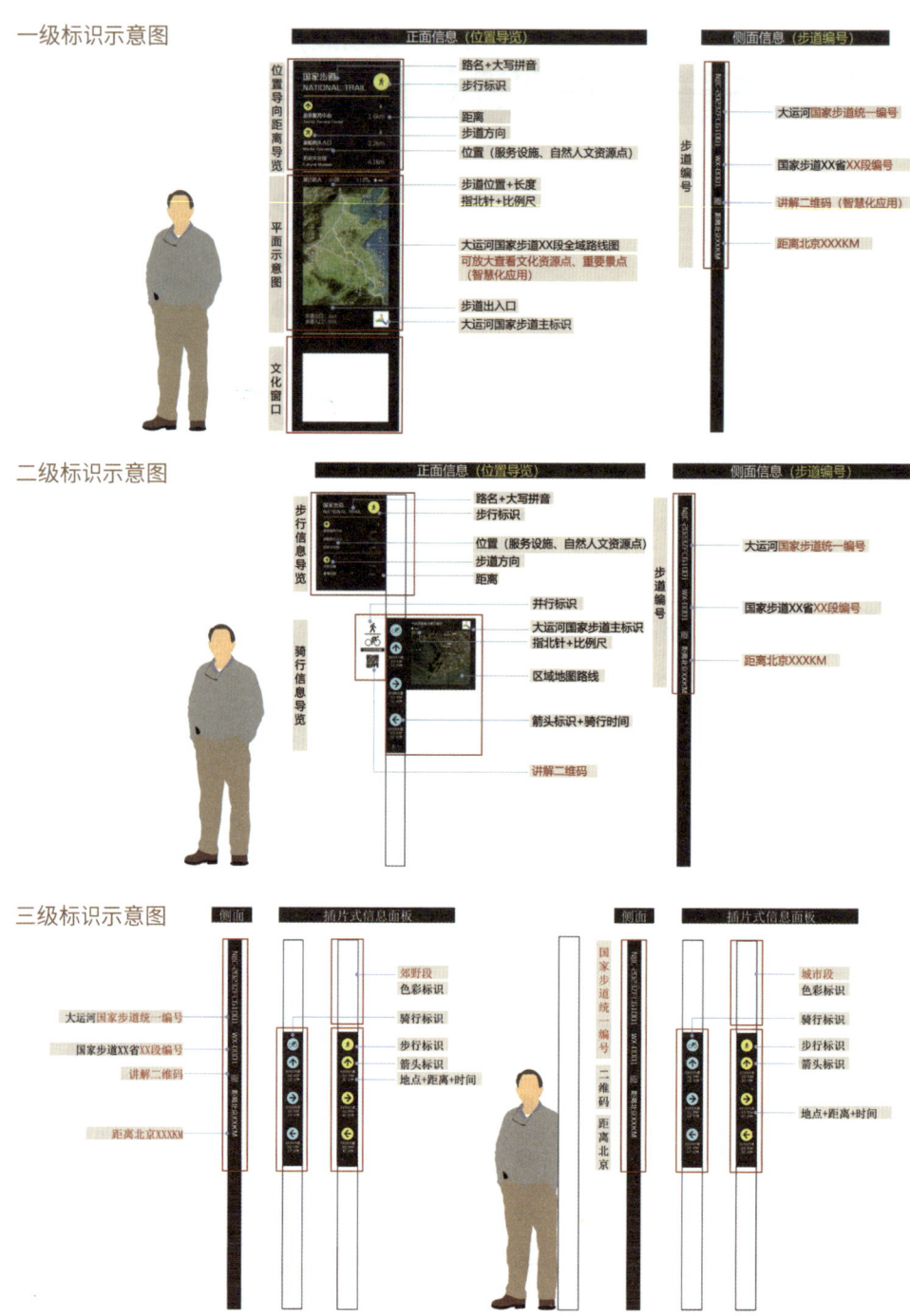

图 5-13 标识设施主要信息示意图

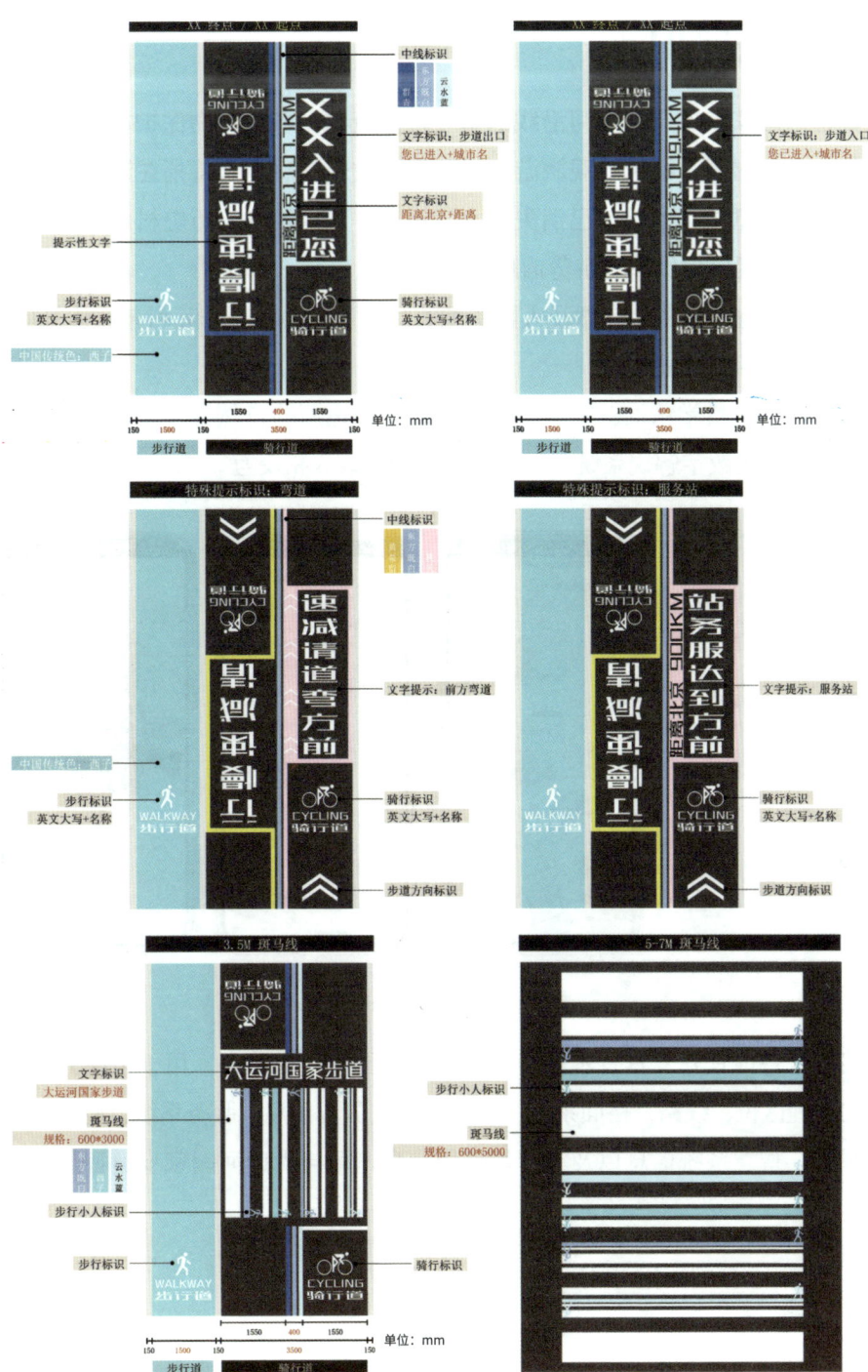

图 5-14 标识设施主要信息示意图

四、解说标识

大运河国家步道应在运河沿线的重要自然资源、各级文物保护单位、历史文化名村、传统村落、特色景观旅游名村及历史文化信息点（特指在运河的发展过程中具有重要意义，但目前已消失的水工设施、建构筑物、历史村落等）等处设置解说标识，用以提供参观游览信息。

解说标识宜提供各类自然及人文资源的简介说明、游览须知、科普宣传等信息，可与导视标识相结合设置。

解说信息应科学精准、丰富生动，凸显本地运河的自然与人文特征。可设置二维码等信息化数字解说系统，结合智能设施实现人机交互。

图 5-15　解说信息示意图

路书：各地宜开发具有本地特色的大运河国家步道路书，用于全面介绍步道所在的地理区位、线路、路面系统、自然及人文资源信息、服务系统、应急系统、环保系统、智慧系统信息以及客户端使用信息，可与大运河国家步道智慧设施相结合。

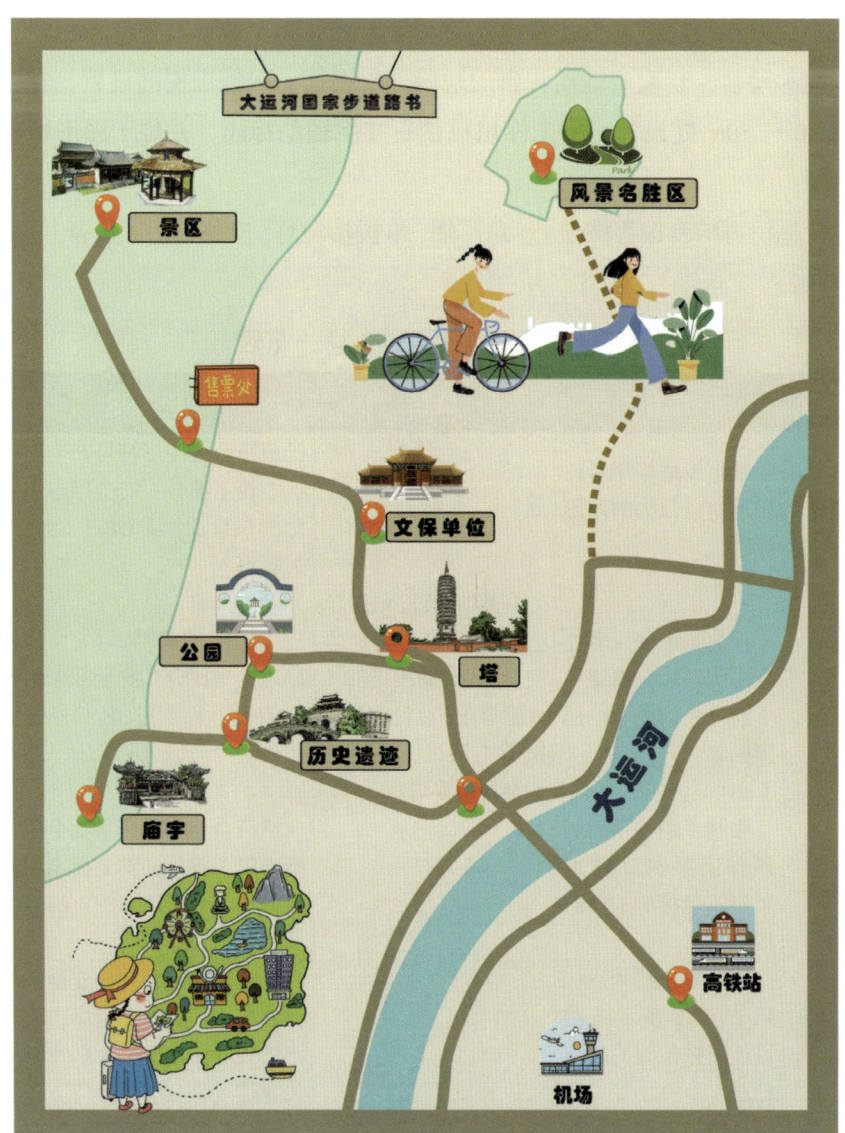

图 5-16　大运河国家步道路书示意图

五、安全标识

　　安全标识是为了确保步道使用者安全进行各项步道活动而提供的信息。包括禁止标识、警告标识、指令标识、提示标识、消防安全标识、疏散路线标识等。

安全标识应设置在易发生跌落、淹溺等人身伤害事故以及急转弯路段、陡坡路段、地势险要、易发生地质灾害的地段。应根据实际情况提前设置，宜在距离隐患点 20～50m 处设置。安全标识应带有文字辅助标志，并位于图形标志的下方或右侧。

安全标识可结合报警按钮、应急广播、求援指示灯、应急电话等设备共同设置，详见表 5-2。

表 5-2　安全标识类型一览表

标识类别	作用	位置	要求
禁止标志	禁止步道使用者出现不安全行为的图形标志	—	应符合《图形符号安全色和安全标志第 1 部分：安全标志和安全标记的设计原则》GB/T 2893.1 的有关规定
警告标志	提醒步道使用者注意周围环境，以避免可能发生的危险的图形标志	应标明禁止和警示事项及距离，宜包含安全提示、防护措施、注意事项、急救信息、报警电话以及临近安全避难所等信息	应符合《图形符号安全色和安全标志第 1 部分：安全标志和安全标记的设计原则》GB/T 2893.1 的有关规定
指令标志	强制步道使用者必须作出某种动作或采用防范措施的图形标志	—	应符合《图形符号安全色和安全标志第 1 部分：安全标志和安全标记的设计原则》GB/T 2893.1 的有关规定
提示标志	提示安全行为或标示安全设备、疏散设施所在位置的图形标志	—	应符合《图形符号安全色和安全标志第 1 部分：安全标志和安全标记的设计原则》GB/T 2893.1 的有关规定
消防安全标志	表达与消防有关的安全信息的图形标志	—	应符合《消防安全标志第 1 部分：标志》GB 13495.1 的有关规定
疏散路线标志	在紧急情况发生时，指引步道使用者沿着疏散路线到达安全位置的标志	—	室内和室外疏散路线标识的设计应分别符合《应急导向系统设置原则与要求 第 1 部分：建筑物内》GB/T 23809.1 和《应急导向系统设置原则与要求 第 2 部分：建筑物外》GB/T 23809.2 的有关规定

大运河国家步道建设技术导则
（实施手册）

第六章　市政设施
Municipal Infrastructure

供电与照明

通信网络

给排水

雨水资源化利用

一、供电与照明

城镇型步道应设置照明系统，照明设计要求应符合现行行业标准《城市夜景照明设计规范》JGJ/T 163 的相关规定。照明灯具选择应遵循节能、环保、美观的原则，宜选用 LED 灯具或太阳能灯具。

郊野型步道可根据需要设置照明系统，照明设施应根据周边环境和夜间使用状况设置，避免光照对周围环境造成影响。有夜间使用需求的郊野型步道，其照明照度标准值应符合现行行业标准《城市道路照明设计标准》CJJ 45 中相关规定。

功能照明和景观照明宜合理选择灯杆位置、光源、灯具及照明方式，与周围环境亮度相协调，避免打扰居民的夜间休息。

二、通信网络

大运河国家步道应确保步道使用者的通信畅通，消除手机信号盲点。

游客服务中心及各级驿站应设置宽带接入点，如必要可设置 Wi-Fi 信号增强装置。

新建移动通信基站和通信线路时不应影响大运河国家步道的通行及景观环境。通信线路宜埋地敷设。

三、给排水

大运河国家步道给水设施应就近连接城镇或乡村的给水管网，满足步道内服务设施等用水需求，生活用水水质应符合现行国家标准《生活饮用水卫生标准》GB 5749 的有关规定。

大运河国家步道及其附属设施的污水排水系统应就近纳入城镇或乡村管网，无法接入污水管网时，应建设污水收集设施。污水须经过滤处理后向外排放，出水水质应符合现行国家标准《室外排水设计标准》GB 50014 的相关排放标准。

四、雨水资源化利用

城镇型步道用水宜采用再生水和雨水提供非饮用水。郊野型步道可采用小型一体化设备，就地利用自然水体提供非饮用水。

城镇型步道宜结合雨水综合利用技术要求，统筹考虑雨水收集回用及排水防涝的功能。郊野型步道宜结合地形实现雨水收集利用或就近排放。

> 步道雨水收集利用及排放应符合国家标准《城乡排水工程项目规范》GB 55027 中的相关规定。

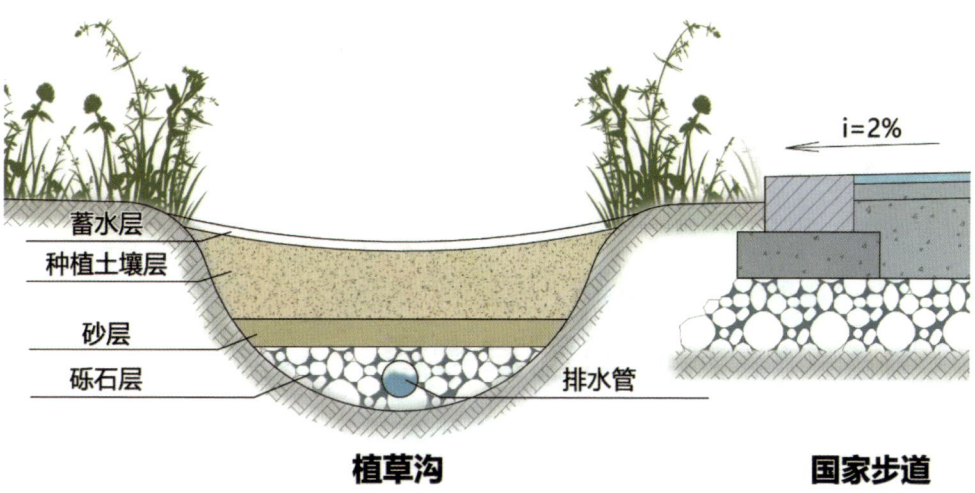

图 6-1　雨水资源化利用示意图

大运河国家步道建设技术导则
（实施手册）

第七章　数字化平台
Digital Platform

智慧设施
智慧管理平台

一、智慧设施

大运河国家步道宜开发基于数字化技术的智慧设施，为亲近自然、遗产认知、体育健身、休闲游憩等提供信息化服务。

大运河国家步道宜设置智慧动态环境监测和安全预警设施。对步道的使用情况、设施状态、环境状况等情况进行监测和预警。宜满足步道使用者活动监测、日常巡检管理、步道设施养护、山林防火防灾巡逻等要求，实现"实时、远程、在线"管理。同时宜具备安全与应急指挥功能，对步道的人员安全、自然环境以及气象气候等信息进行监测、预警、报警、应急救援指挥等。

大运河国家步道宜结合智慧设施实现人机交互技术，通过智能终端、手机提供步道导览介绍、信息查询、交通指引、景点介绍、科普宣教、活动宣传等。

大运河国家步道的停车点、运动场、厕所、驿站等服务设施和基础设施可进行智慧化整合与改造。

大运河国家步道可建设智慧互动装置体验区，包括智慧跑道、互动健身设施、全景展厅、全息投影等。

二、智慧管理平台

大运河国家步道宜开发建设大运河国家步道智慧管理平台，以平台为统一入口，实现统一录入、数据共享、业务协同等。管理平台应配置完善的智慧管理服务系统，满足步道保护管理、动态监测、科普宣传教育等信息发布与传播的要求。

智慧管理平台应满足数据综合的集成、分析统计、交互可视、场景服务等数据管理功能。

智慧管理平台应整合大运河国家步道的各类信息，包括自然与人文资源、土地使用与空间规划、步道使用、服务设施运行、环境监测、安全预警等信息，并定期更新。

智慧管理平台应接入运河相关管理部门和交通、水利部门的防汛应急指挥系统，及时收集、处理和管理气象、雨水、河道和水库水情、大坝安全、洪水预报等信息。

智慧管理平台可与运河沿线城市的智慧旅游、智慧交通系统相衔接。

智慧管理平台应针对不同管理系统分别设置功能模块。各功能模块可叠加使用、信息互动，以实现政府、市民、商家等多主体共同管理和维护。加强与居民日常生活的关联作用，同时增强公众对大运河历史文化的认知和认同感。

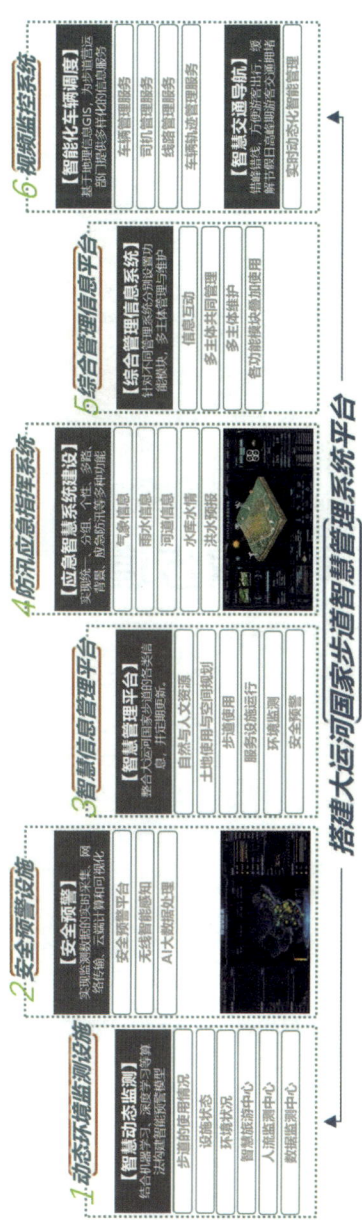

图 7-1 大运河智慧管理平台功能示意图

大运河国家步道建设技术导则
(实施手册)

第八章　绿化景观
Landscape

景观环境
植物选择
特色营造
视线廊道

一、景观环境

大运河国家步道的景观环境应符合运河管理相关要求，保护自然地形地貌和生态基底，防控水土流失、水环境污染和生态破坏；对生态退化或已遭到破坏的区域，应采用生态技术手段及时修复。

景观环境应最大限度地保护和利用现有自然及人工植被，保护古树名木、珍稀植物等，新增绿化应与原有植被相协调。

景观环境的营造在有条件的区域可采用林荫化的方式，为步道和休憩健身场地提供适度遮阴。

图 8-1 林荫化步道示意图

二、植物选择

绿化植物应按照适宜性和多样性原则，优先选用乡土植物和引种驯化后在当地适生的植物，植物配置应符合现行国家标准《园林绿化工程项目规范》GB 55014 的相关规定。

滨水绿化应实现保持水土、涵养水源等生态防护功能。

绿化设计应注意安全性，慎用带刺、飞絮、散发异味及高致敏的植物。植物种植应符合现行国家行业标准《城市道路绿化设计标准》CJJ/T 75 的相关规定。

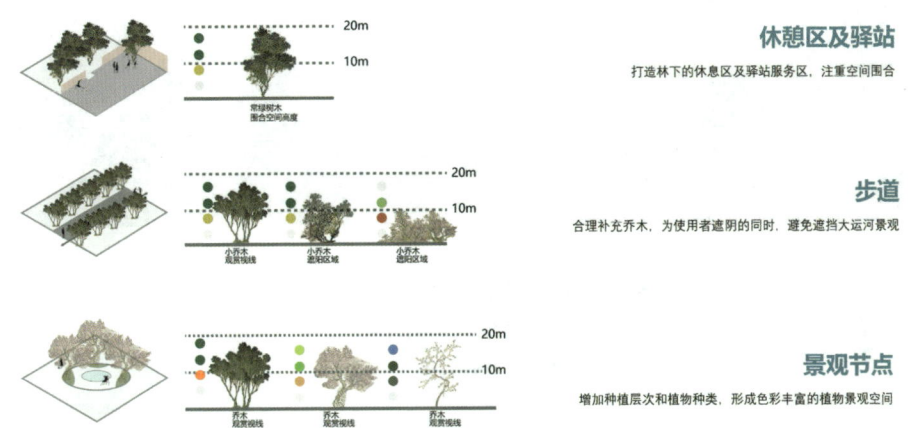

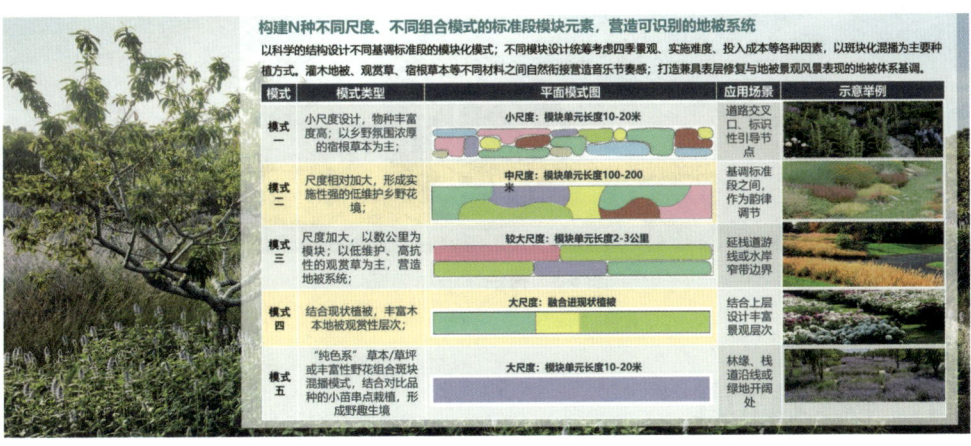

图 8-2　植物配置示意图

三、特色营造

大运河国家步道的绿化设计应与周边的建筑和景观环境相协调，营造具有本地特色的景观界面。

图 8-3　特色营造示意图

四、视线廊道

景观环境应兼顾交通、水利、生态等安全需求，在步道出入口、交通接驳处、转弯处、观景处等应保持视线廊道畅通。

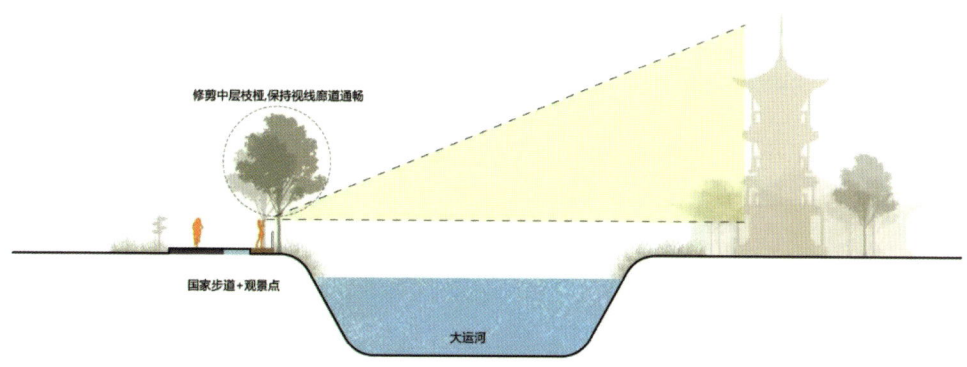

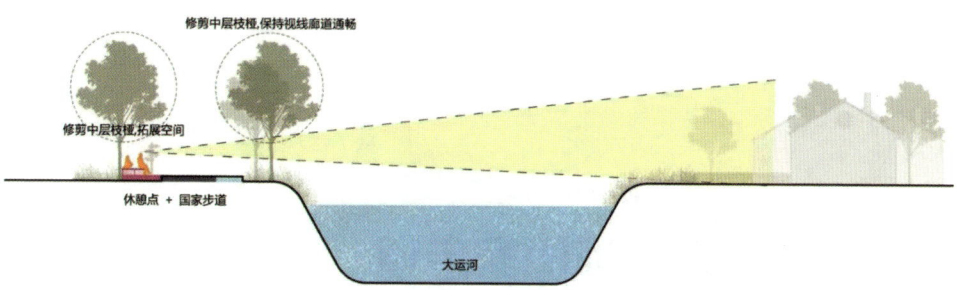

图 8-4　保持视线廊道通畅示意图

大运河国家步道建设技术导则
（实施手册）

第九章　管理维护和运营
Management & Maintenance

管理
运维

一、管理

1. 大运河国家步道管理应按照属地管理原则,由属地政府履行管理主体责任,明确属地相关管理部门。

2. 属地相关管理部门应对大运河国家步道的使用成效进行定期检查评估。

3. 大运河国家步道可通过政府主导、公众参与、市场化管理的方式,采用共建、共治、共享的管理模式。

4. 大运河国家步道应建立紧急救援机制及突发事件处理预案,以保证迅速、有序、有效地开展应急救援行动,降低事故损失。

5. 大运河国家步道应避免机动车进入步道,只允许对步道进行维护管理和防洪、消防、医疗、应急救助等用车临时通行。

6. 大运河国家步道禁止私人电动自行车进入,宜设置共享单车系统,对步道范围内共享单车进行统一管理。包括建立智慧停车系统,通过技术手段实现统一管理。此外,还应完善配套管理措施,设置共享单车空间停放指引,明确设置原则,科学布局停放点,划定停放区和禁停区,以确保共享单车的使用符合规定。共享单车包括以下几种类型:普通自行车、电动助力自行车、电动自行车。为保障步道使用的安全性,禁止私人电动自行车进入。

7. 步道使用者应遵守相关管理规定,禁止占用步道从事经营活动,禁止在步道上堆放物品或者倾倒、排放污水、垃圾、渣土及其他废弃物,禁止在步道范围内养殖禽畜、生火、挖沙、采石、取土等。

8. 在步道范围内举办的各种活动应符合相关管理规定。活动结束后及时拆除活动设施,恢复原状。

二、运维

1. 属地相关管理部门应保持步道及设施完好,及时发现和处理步道及设施使用中的问题,确保其正常使用。

2. 鼓励沿线地区居民积极参与大运河国家步道的维护活动,提供志愿服务的机会。吸引专业机构和人才参与大运河国家步道的维护工作，促进多元主体的参与。

3.鼓励各地引入社会资本开展步道自行车租赁、驿站和游客服务中心内餐饮、商品销售等商业活动，实行市场化经营。鼓励邻近村镇、景区景点灵活设置旅游纪念品商店、便利店、户外旅游用品商店、流动售货亭等售卖点，结合当地饮食文化设置特色小吃店、连锁快餐店、饮料站、露天茶座等饮食点。

4.鼓励各地结合城市更新、乡村振兴等项目建设"运河小院"等特色设施，为步道提供住宿、餐饮等综合性商业服务功能。充分发挥其对运河沿线农业、文化和旅游等产业经济发展的带动作用。

5.鼓励各地结合运河文化，持续开展文化科普系列活动，建设小型博物馆、文化展览馆、非遗展示馆、民俗馆、纪念馆等文化科普类的设施。

6.鼓励各地开展与步道相关健康休闲活动和户外运动赛事，打造大运河国家步道赛事活动品牌，拓展全民健身新场景。常态化开展全国"行走大运河"全民健身健步走活动，支持地方举办群众性、公益性健身赛事，打造一批"跟着赛事去旅行"文体旅融合活动，开展"大运河音乐节""运河露营大会"等活动，助力培育"千年运河"品牌。保障大运河国家步道对社会公众公益开放，鼓励有条件的地方在适宜区域开展户外体验、步道研学、科普教育、展会论坛、生态休闲等活动，开发一批特色的文体旅融合活动，释放步道经济新活力。

图 9-1 "行走大运河"全民健身健步走活动（图片来源：中国新闻网 2022-08-20 https://www.chinanews.com.cn/ty/2022/08-20/9832685.shtml）

图 9-2 大运河自行车系列赛事（盱眙县人民政府 2024-05-27 http://www.xuyi.gov.cn/col/887_815381/art/17144928/1716857036450QdEjKAoj.html）

大运河国家步道建设技术导则
（实施手册）

上位政策文件与引用标准名录
List of Quoted Standards

一、上位政策纲要文件

中共中央办公厅 国务院办公厅《大运河文化保护传承利用规划纲要》（2019年2月）

国家发展改革委《大运河文化保护传承利用"十四五"实施方案》（2021年7月）

国家文物局、文化和旅游部、国家发展改革委《大运河文化遗产保护传承规划》（2020年7月）

水利部、交通运输部、国家发展改革委《大运河河道水系治理管护规划》（2020年6月）

生态环境部、自然资源部、国家发展改革委、国家林草局《大运河生态环境保护修复规划》（2020年8月）

文化和旅游部、国家发展改革委《大运河文化和旅游融合发展规划》（2020年9月）

体育总局办公厅、发展改革委办公厅、财政部办公厅、住房城乡建设部办公厅、人民银行办公厅《全民健身场地设施提升行动工作方案（2023—2025年）》（2023年5月）

国家发展改革委、体育总局《"十四五"时期全民健身设施补短板工程实施方案》（2021年4月）

二、引用标准名录

《公共信息图形符号 第1部分：通用符号》GB/T 10001.1

《公共信息图形符号 第4部分：运动健身符号》GB/T 10001.4

《消防安全标志第1部分：标志》GB 13495.1

《公共信息导向系统 设置原则与要求 第1部分：总则》GB/T 15566.1

《公共信息导向系统 设置原则与要求 第7部分：运动场所》GB/T 15566.7

《旅游厕所质量要求与评定》GB/T 18973

《公共信息导向系统 导向要素的设计原则与要求 第1部分：总则》GB/T 20501.1

《应急导向系统 设置原则与要求 第1部分：建筑物内》GB/T 23809.1

《应急导向系统 设置原则与要求 第2部分：建筑物外》GB/T 23809.2

《图形符号 安全色和安全标志 第1部分：安全标志和安全标记的设计原则》GB/T 2893.1

《公共体育设施室外健身设施应用场所安全要求》GB/T 34284

《公共体育设施室外健身设施的配置与管理》GB/T 34290

《室外排水设计标准》 GB 50014

《堤防工程设计规范》GB 50286

《民用建筑设计统一标准》GB 50352

《无障碍设计规范》GB 50763

《城市道路交通标志和标线设置规范》GB 51038

《城市步行和自行车交通系统规划标准》 GB/T 51439

《园林绿化工程项目规范》GB 55014

《城乡排水工程项目规范》GB 55027

《生活饮用水卫生标准》GB 5749

《道路交通标志和标线 第2部分：道路交通标志》GB 5768.2

《道路交通标志和标线 第3部分：道路交通标线》GB 5768.3

《城市旅游服务中心规范》LB/T 060

《小交通量农村公路工程技术标准》JTG 2111

《城镇绿道工程技术标准》CJJ/T 304

《城市道路工程设计规范》CJJ 37

《城市道路照明设计标准》CJJ 45

《城市人行天桥与人行地道技术规范》CJJ 69

《城市道路绿化设计标准》CJJ/T 75

《城市户外广告和招牌设施技术标准》CJJ/T 149

《城市夜景照明设计规范》JGJ/T 163

后 记
POSTSCRIPT

中国大运河国家步道建设于2024年正式在大运河沿线城市拉开帷幕。在国家步道建设的理论和实践前沿不断探索与总结，最终撰写而成的《大运河国家步道建设技术导则》（实施手册）和《大运河国家步道建设技术标准》（T/CSUS 90—2025）终于在中国建设科技出版社得以付梓。作为一名有20余年大运河科学研究和项目实践经历的学者，审读完两册近20万字的文稿，掩卷回眸，不禁感慨万千。

千年运河悠悠，浪花淘尽英雄。无论是过去、现在还是未来，是每一代中国人在这条历史长河中不断奉献的才干和智慧，才让灿烂辉煌的运河文化得以孕育、形成和发展；无论是寂寂无闻亦或是声名遐迩，是中国人勠力同心的人文精神共同铸就了这条伟大的中华文明标识，并让千年流动的文化血脉得以保护、传承和持续利用。试想在不久之后的一天，大运河国家步道全面贯通，于是，每一位中国人都有机会沿着这条中华民族的精神之河步行或骑行，抑或是成为每一位中国人一生一定要步行或骑行一次的旅程。上下游历千年，品读这部撰写在华夏大地上的运河史诗；南北纵贯千里，领略这幅擘画在盛世中华的时代画卷。

每每想到一幅幅沿运河"群贤毕至、少长咸集"的其乐融融的场景，总是倦意全无、心潮澎湃。这或许正是吾辈之于运河的重要责任和历史使命。流淌千年的运河文化永不停息，滚滚向前。站在后人角度向前看，这或许是一个微不足道但需要书写记录的节点。特于稿后撰文以记之！

感恩生长在这个繁荣昌盛的伟大祖国和欣欣向荣的伟大时代。基于本人博士论文和全线考察美国伊利运河遗产廊道所撰写的《实现整体保护与可持续利用的大运河遗产廊道构建：概念、途径与设想》一书，在 2010 年前后时还只能谈"概念、途径与设想"，没想到在 14 年之后居然"梦想成真"，在大运河的沿线即将出现一条全线纵贯 3200km、跨越 8 省域 6 大文化区并连续贯通的国家步道，既可彰显世界文化遗产的品牌形象，展现大运河的自然与人文特征，带动运河沿线城乡全民健身、休闲游憩等活动的开展，又将运河沿线丰富多元的自然与人文资源"串珠成链"，促进运河沿线城乡经济与社会的全面协调发展。这一切无疑和国家经济社会的高速发展、大运河保护与申遗行动的开展、大运河文化带和国家文化公园建设等国家战略的制定和贯彻密不可分。保护好、传承好和利用好大运河的理念已深入人心，未来发展有无限可能，也必定会越来越好。

感恩求学期间北京大学俞孔坚、李迪华等师长对我在大运河研究方向上的指引。北大 30 余位学子当年正是在两位导师主持的 2003 年全国文物保护科学研究课题《中国京杭大运河整体保护研究》项目的支持下，于 2004 年拉开了那场为期近两个月沿着京杭大运河骑行的田野调查。在那个道路交通条件相对艰苦的时代，我们用实践摸清了京杭大运河遗产的现存状况，用行动实证了当今大运河国家步道建设的价值和意义。当年骑行用过的一辆自行车，现在高高地悬挂在学院新楼大厅的中央位置，成为北大景观学院历届学子的精神象征。继而在大运河申遗准备阶段，与中国文化遗产研究院合作开展的《大运河遗产保护规划第一阶段编制要求研究》《大运河淮安段遗产本体调查方法研究》《大运河遗产山东省济宁市保护规划》等研究和项目中，前后又有四届的北大景观学院研究生在鲁运河、里运河、中运河和江南运河边不断地步行、骑行和研究，为大运河保护与申遗作出了贡献。在这期间，《人民日报》（海外版）"世界遗产"版主编齐欣倡导的"遗产小道"概念被写入运河申遗文本。第一块"大运河遗产小道"路标由古建筑学家罗哲文先生题字，2009 年在北京通州设立。还有诸多学者在申遗期间提出的各种 Citywalk 概念，都在期盼未来能有一条"步道"作为一种连接过去与现在的体验方式。而今，连续贯通的大运河国家步道建设想必会让先驱者们感到欣慰。

感谢在大运河国家步道建设标准和技术导则编制期间，来自遗产保护、水利工程、道路交通、城乡规划、风景园林等诸多领域50余位专家们的指导。在此期间提供帮助的专家有：水利部水电规划设计总院原副总工李小燕、中国城市建设研究院副总工白伟岚、北京市城市规划设计研究院教授级高工董惠、北京交通大学风景道与旅游交通研究中心主任余青、北京大学国土空间规划设计院院长王江燕、北京市市政工程设计研究总院教授级高工陈怡、中国城市建设研究院副院长王磐岩、中国城市规划学会副理事长何兴华、北京清华同衡规划设计研究院高工孙蕾、中国文化遗产研究院研究员于冰、中国城市建设研究院交通院副院长兼总工张子栋；通过函审并提供建议的专家有：中南大学建筑与艺术学院教授李博、中国艺术研究院教授田林、人民日报（海外版）世界遗产周刊主编齐欣、中国人民大学公共管理学院副教授王洁晶、浙江大学农业与生物技术学院教师谢雨婷、中国环境科学研究院高工路青、华南理工大学设计学院教授管少平、北大国土空间规划设计研究院高工刘业成、天津大学建筑学院副教授张蕾、南京师范大学地理科学学院教授周年兴、清华大学建筑学院副教授刘海龙、山东建筑大学建筑城规学院副教授姜芊孜、北京体育大学体育休闲与旅游学院讲师史书菡、中国生态城市研究院所长孙超、中国水利水电科学研究院教授级高工王英华、中国城市规划设计研究院教授级高工王忠杰、北京市市政工程设计研究总院教授级高工赵艳红、清华大学美术学院教授黄艳、武汉大学城市设计学院教师谢梦云、北京清华同衡规划设计研究院研究员张瑾、北京建筑大学环境与能源工程学院副教授王思思、郑州大学建筑学院副教授白磊、中国建筑标准设计研究院高工马会、交通运输部公路科学研究院研究员孟强、中国城市规划设计研究院教授级高工付东楠。

感谢在课题开展过程中给予关心和帮助的各位领导和专家，他们分别是：中国中建设计研究院总规划师、教授级高工宋晓龙、中国文物学会会长顾玉才、中国水利水电科学研究院原副总工程师谭徐明、贝氏事务所亚洲总部原总经理莫平、北京大学城市与环境学院教授吕斌、中共中央党校教授李明等。

在此向以上各位专家表达最真挚的感谢！

课题组团队中国中建设计研究院有限公司创新发展规划设计研究院张晶、李璐、张帆、连萌、李健操、田金龙、李东蔚、何镠、刘硕、解羚、蒋大伟、张东斌、彭宏、周耀希、刘润萌、柴冠杰、林园等设计师；中国农业大学孙壹然、刘振国、李一贤、姜煦武等在读或已毕业的硕士研究生；北京清华同衡规划设计研究院张媛、刘向军，北京市水利规划设计研究院高晓薇，清华大学建筑设计研究院李宁，光辉城市（重庆）科技有限公司宋晓宇，北京中邦辉杰工程咨询有限公司韩兆辉等在项目推进过程中作出了重要贡献。特此致谢！

乙巳年季春

著 者